AF361197

ANGELO GRECO

UNA BUONA FILOSOFIA PRATICA DI VITA

*Non un trattato religioso,
ma semplici pensieri e riflessioni,
norme comportamentali per vivere correttamente
nel XXI secolo, riassunte in
un solo imperativo categorico o comandamento:
AMA TE STESSO E IL PROSSIMO*

Prefazione di Pietro Guarnotta

Una buona filosofia pratica di vita
ISBN | 978-88-91184-41-2

*Dedico questo mio primo scritto
ai miei tre figli Emanuele, Agata e Valentina,
che, assieme alla mia amata moglie Franca,
ho cresciuto, istruito ed educato
con tanto amore e sacrifici,
mettendoli nella condizione
di poter affrontare con più serenità il futuro.*

Papà Angelo

Prefazione

Per intendere appieno la genesi di questo chiaro ma profondo saggio sociale, è indispensabile conoscere talune peculiarità dell'autore.

L'amico Angelo Greco, che frequento e stimo da oltre quarant'anni, dopo aver conseguito la laurea in Pedagogia ed aver insegnato per alcuni anni, ha scelto di dedicarsi, non solo ad alto livello amatoriale ma professionalmente, all'arte che lo ha appassionato fin dalla prima giovinezza: la fotografia.

Già è sufficiente questo tratto biografico, questa scelta coraggiosa e magnanima, a svelarci come dietro questo professore-fotografo, dedito con umiltà ed entusiasmo alla sua attività, si nasconda una persona che sa ascoltare e seguire il suo cuore, un fine pensatore che, attraverso queste pagine, risponderà, con una scrittura genuina ed agevole, alle domande più pressanti della società: come coabitare felicemente in questo pianeta, sempre più simile ad un chiassoso villaggio? come riconoscere e praticare i valori che rendono migliore la nostra vita comunitaria e le nostre singole vite? come formare le future generazioni alla libertà? come orientarsi nelle continue scelte che l'esistenza propone ed impone? come educare alla gioia e alla serenità interiori?

È evidente la necessità di toccare la spiritualità del lettore per indurlo a tali riflessioni; l'autore, a tal proposito, opera una precisa scelta (che tiene ad esplicitare fin dalla copertina del libro, attraverso un lungo sottotitolo): non toccherà aspetti di una specifica dottrina religiosa, ma – nel rispetto dei vari credi, nell'ambito di una collettività sempre più interculturale – farà appello alle più elementari e comuni capacità trascendenti, quelle inscritte nel cuore di ogni essere umano e nel suo stesso codice genetico, quelle che pongono al centro di ogni pratica di vita e di ogni pratica religiosa l'Amore.

L'Amore qui si fa "imperativo categorico" ed "unico comandamento" al di là di ogni fede e credenza: questo il Greco ha voluto sottolineare fin dapprincipio.

...E questo stesso Amore diventa denominatore comune di un'umanità frazionata che aspira ad un fattore polare, un ente astratto e concreto al tempo stesso, capace di unificare il mondo e renderlo soddisfatto del proprio esserci.

Verso questa meta l'autore desidererebbe vederci tutti incamminati: ciascuno mantenendo i propri usi, costumi, linguaggi, credi... a patto che essi non contrastino col principio superiore dell'Amore, attraverso comportamenti che offendono, deturpano, danneggiano.

Non possiamo che associarci a questa crociata in favore di tutte quelle buone intenzioni che, in gran parte, tutti noi conosciamo... ma era indispensabile che il nostro caro Angelo, cioè Messaggero, ci scuotesse dai quotidiani torpori che ci fanno dimenticare la parte più bella del vivere e ci recasse questo Messaggio "didattico" per invitarci a riscoprire quei comportamenti che, forse, da soli, non bastano a rendere felice questo pianeta pieno di problemi ma che, sicuramente, lo aiuterebbero a percorrere la sua eterna orbita con rinnovata leggerezza.

Pietro Guarnotta

LE REGOLE

- **Amare se stessi** vuol dire:

Rispettare il proprio corpo, mantenendolo pulito e profumato, nutrendolo nelle giusta misura, evitando obesità o anoressia, tenendo in ordine e puliti mani, unghie, capelli e biancheria che si indossa.

Non assumere droghe di qualsiasi genere. Non fumare. Non abusare di alcoolici. Prevenire l'insorgere e lo sviluppo di malattie sottoponendosi a periodici accertamenti e visite mediche.

I latini, con saggezza, dicevano: "Mens sana in corpore sano".

Istruirsi e procurarsi una buona cultura.

Non mettersi alla guida di un mezzo senza i documenti di guida e quando non si è in regola con il sonno o si è abusato di bevande alcooliche. Non condurre motoveicoli senza fare uso del casco. Evitare ogni forma di guida spericolata.

Non fare un uso esagerato di Internet e del telefonino.

Non essere superstiziosi. Non credere ad oroscopi, cartomanti e maghi. Non giocare d'azzardo.

Pagare i debiti. Non essere attaccati al denaro: desiderare di avere solo quello che serve per vivere, il resto è superfluo; tanto, al momento della morte, avremo solo un vestito e un paio di scarpe che marciranno ben presto assieme al nostro corpo; non ci sarà permesso portare con noi nemmeno un centesimo, anche se abbiamo accumulato un'enorme ricchezza. Non essere ingordi: mangiare per vivere, non vivere per mangiare.

- **Amare il prossimo** vuol dire:

non discriminare nessuno per il colore della pelle, per il sesso, per le opinioni politiche e religiose, per il lavoro che svolge, per il ceto sociale cui appartiene.

Non offendere il prossimo, non maltrattarlo, non ferirlo, non imbrogliarlo, non derubarlo, non umiliarlo.

Non dire il falso, tanto meno giurarlo.

Non pretendere di avere sempre ragione, perché molto spesso non la si ha.

Non essere arroganti, perché l'arroganza è propria dei vili.

Non parlare male e non augurare mai il male a nessuno, nemmeno ai nemici.

Riconoscere i propri sbagli e chiedere scusa appena possibile.

Il buon senso deve prevalere in tutte le parole e le azioni.

Se chi ci sta accanto sta meglio di noi, non bisogna essere invidiosi del suo successo, ma piuttosto cercare di scoprire i segreti della sua fortuna, per emularlo.

Se si trova la guerra si faccia di tutto perché torni a fiorire la pace.

Se si trova la pace si faccia in modo che si rafforzi e duri più a lungo possibile.

Rispettare gli oggetti avuti in prestito per restituirli subito al legittimo proprietario.

Quando si va a votare, si scelga il candidato per l'onestà e per le capacità e non per i favori promessi.

Aiutare tutti, con tutti i mezzi a propria disposizione. Aiutare chi ha bisogno di conforto, di consiglio, di aiuto economico, di un sorriso.

Rispettare tutti e trattarli come si vorrebbe essere trattati.

Sforzarsi di vedere negli altri i lati positivi e non solo quelli negativi.

Scoprire che è più bello donare che ricevere.

Diventare donatore d'organi.

Non si deve buttare nella spazzatura il cibo che non si consuma, ma si deve conservare per il giorno successivo. I soldi che si risparmiano si donino in beneficenza a chi non ha nulla. Nel mondo oltre un miliardo di esseri umani soffrono la fame e, quando sono fortunati, consumano un solo pasto al giorno.

Chi vede o viene a conoscenza di violenze consumate a danno di persone deboli e non interviene verbalmente o anche fisicamente in loro difesa, si rende complice e commette la stessa colpa di chi ha esercitato la violenza, punibile con la stessa pena. Chi tace acconsente, nel bene e nel male.

Non credere alle maldicenze che circolano: se non hai prove, potrebbero essere infondate e false; in ogni caso cerca di minimizzarle e di non propagarle.

Rispettare le persone anziane, aiutandole quando ne hanno bisogno: ricordiamoci che anche noi un giorno diventeremo vecchi.

Non praticare l'aborto, né favorirlo, perché si tratta di un omicidio.

Non disprezzare chi crede in un Essere Superiore e mai bestemmiare il Dio a cui egli crede.

Se si vede qualcuno in imbarazzo, non peggiorare la situazione, anzi cercare di aiutarlo a superare la difficoltà di quel momento.

Non prendere in giro nessuno, specie i più deboli che non sanno difendersi adeguatamente.

Evitare il bullismo, perché il bullo è un essere spregevole, un deficiente che vuole fare il forte con chi è debole: provi a fare il duro con chi è più forte di lui.

Comunicare in ogni occasione la gioia di vivere, perché la vita è bella e vale la pena viverla nella sua pienezza.

Perdonare sempre gli sbagli degli altri, specie quando sono involontari o commessi in buona fede. Far notare, a chi sbaglia, l'errore che sta commettendo e invitarlo a non ripeterlo più, in un primo momento con le buone maniere, dopo, nei casi più gravi, come violenza su bambini, donne o persone deboli, con maniere più forti, fino ad arrivare anche alla denuncia alla polizia e all'autorità giudiziaria.

Non esaltarsi troppo quando tutto va a gonfie vele, né avvilirsi quando tutto non va proprio bene. Ricordarsi che "il buono o il cattivo tempo non dura tutto il tempo". Non essere troppo vanitosi: ricordarsi che è meglio essere che apparire. Non aver una stima troppo alta di sé.

Non lodarsi per quello che si ha o si sa fare, ma lasciare che siano gli altri a farlo. La modestia è sempre da preferire alla superbia. Tutti siamo utili, ma nessuno è indispensabile. Consideriamo quanto siamo piccoli rispetto alla immensità dell'universo e quanto sia breve la nostra vita rispetto ai dodici miliardi di anni trascorsi dalla sua origine.

Nessun dittatore esista più nel mondo: il suo regno si sfascia sempre molto presto.

La sera quando si va a letto, in quei dieci minuti circa che precedono il sonno, ognuno faccia scorrere nella mente azioni e parole della giornata e si domandi se ha rispettato il comandamento di amare sé e gli altri: se la risposta sarà positiva, sia orgoglioso e soddisfatto di sé, se negativa, faccia il proposito che il giorno dopo non commetterà più gli stessi errori.

NORME COMPORTAMENTALI
PER VIVERE CORRETTAMENTE
NEL XXI SECOLO

In famiglia

I genitori collaborino, a parità di diritti e doveri, per la crescita fisica, intellettuale e morale dei loro figli; li amino più delle loro pupille e non diano loro pene corporali o punizioni, che non servono a nulla, anzi potrebbero provocare danni irreparabili. Devono piuttosto convincerli della bontà dei loro insegnamenti, perché la convinzione è più efficace dell'imposizione.

Più che parole i genitori devono offrire esempi. Non serve a nulla dire ai figli di non rubare quando essi stessi rubano. Non serve a nulla dire di rispettare gli altri quando il papà non rispetta la moglie o la mamma non rispetta il marito.

Ricordarsi che il comportamento dei figli è il frutto del codice genetico ereditato dai genitori e dai nonni e dell'educazione ricevuta. Quindi, se il bambino si comporta male, non è colpa sua ma dei due fattori precedenti, codice genetico ed educazione sbagliata.

È errato e da condannare il comportamento di alcuni genitori che riempiono di botte e di umiliazioni i loro figli perché il loro comportamento non è, a loro dire, esemplare. Da correggere sono i genitori, non i figli. La sera, quando i figli vanno a letto, i genitori diano loro un bacio in fronte, pensando di baciare un angioletto.

I figli hanno il diritto di essere amati e rispettati per quello che sono, nel bene e nel male. Sono esseri umani completi anche se in una fase di crescita, con la stessa dignità dell'adulto.

I genitori che usano la loro superiorità fisica per umiliare i loro figli, un giorno, quando il gioco della forza fisica si capovolgerà, cioè loro saranno vecchi e deboli, e i loro figli grandi e forti, vedranno scatenarsi la rabbia dei loro figli su di loro e si vedranno maltrattati e parcheggiati in qualche casa per anziani. Non si lamentino poi, perché i veri colpevoli di tutto questo sono solo loro. Gli schiaffi sono umilianti e generano rancore o frustrazione. I figli possono essere toccati solo per dare loro baci e carezze. Chi semina amore raccoglierà amore, chi vento raccoglierà tempesta. Coloro che sono stati educati con amore saranno da grandi i migliori elementi della società e chi non ha avuto rispetto ed amore, ma punizioni e umiliazioni, sarà un elemento poco affidabile, un disadattato, un insicuro di sé che molte volte va a finire in galera.

I figli devono amare i loro genitori, essere rispettosi e ubbidienti. Quando i genitori diventeranno vecchi, incapaci di provvedere a se stessi, i figli devono fare di tutto per far trascorrere una felice vecchiaia a coloro che hanno dato loro la vita, li hanno cresciuti, istruiti ed educati.

I mariti rispettino le loro mogli fino al punto in cui queste diranno: "Ho sposato l'uomo migliore del mondo". Evitino ogni forma di violenza fisica o psicologica verso le mogli o i figli, perché è un reato contro l'umanità ed è punibile con il massimo della pena in questa terra e nell'aldilà. Mai più padri-padroni.

Le mogli rispettino i loro mariti fino al punto in cui questi diranno: "Ho sposato la donna migliore del mondo". Collaborino con amore con i mariti, a parità di diritti e di doveri, per il buon andamento di tutta la famiglia.

A scuola

L'insegnante ami i suoi alunni, faccia amare loro il sapere, non li consideri vasi da riempire ma creature umane da guidare nella ricerca del sapere e nella formazione umana. Li tratti come un buon padre di famiglia tratterebbe i propri figli.

Gli studenti rispettino i loro insegnanti, facciano tesoro del loro sapere e delle loro esperienze e, da grandi, potranno superarli in cultura e saggezza.

Sul lavoro

Il datore di lavoro deve rispettare la dignità del dipendente, senza mai umiliarlo, trattandolo come un fratello minore, esigendo solo il giusto e dando la paga dovuta.

Il lavoratore rispetti il proprio datore di lavoro, senza però cadere nel servilismo, ricordando che se si svolge bene il proprio dovere, fra l'altro, ci si assicura il mantenimento del posto di lavoro.

L'impiegato deve svolgere il suo lavoro con amore, mettendosi a disposizione del prossimo col massimo impegno. Non deve arrivare in ritardo, né assentarsi abusivamente.

È rispettoso del lavoro altrui e non ne deride gli eventuali insuccessi.

Quando, dopo il lavoro, torna a casa deve poter dire: "Oggi mi sono divertito lavorando e ho aiutato molte persone a risolvere i loro problemi. Sono stanco di divertirmi, ora mi riposo".

Nelle istituzioni sociali

I politici e gli amministratori pubblici non devono chiedere o accettare tangenti. Si mettano a disposizione dei cittadini gratuitamente e con amore. Facciano gli interessi della comunità e non pensino ad arricchirsi rubando i soldi pubblici.

Coloro che prestano denaro (banche, finanziarie e strozzini) non devono approfittare dello stato di bisogno di chi si rivolge loro per un aiuto, devono chiedere solo gli interessi che la legge permette, senza raggiri ingannevoli.

Verso l'ambiente e il prossimo

Chi ama il prossimo, inoltre, rispetta l'ambiente: non sporca i luoghi pubblici, anzi li lascia più puliti di prima; fa la raccolta differenziata; non inquina l'ambiente; non fuma in presenza di bambini, di donne o di non fumatori, evita ogni tipo di spreco e risparmia su tutto.

Non infligge alcun tipo di sofferenza agli animali, anzi li ama e li rispetta.

Osserva le norme del codice stradale e le leggi dello stato, paga le tasse dovute, denuncia alle autorità chi commette abusi su bambini, donne o persone deboli.

Diventa donatore di organi.

Non litiga ma risolve i problemi pacificamente: non si fa prendere dall'ira, anzi è gentile e cortese con tutti; non polemizza con i vicini di casa, anzi stabilisce un rapporto di reciproco aiuto.

È puntuale quando dà un appuntamento.

Va a trovare i propri cari che non ci sono più per deporre un fiore sulla loro tomba.

Non fa niente che possa in qualche modo danneggiare il prossimo, ma fa di tutto per far sentire tutti a proprio agio e rendere loro la vita più facile e più serena; se vede qualcuno in difficoltà lo soccorre, se lo vede soffrire lo consola: un giorno l'aiuto potrebbe essere contraccambiato. Se vede un bambino piangere corre per fargli una carezza, per sussurrargli una parola dolce e fa di tutto per farlo tornare a sorridere.

Fa del bene anche quando sa di non essere ricambiato… e, infine, chi lo incontra deve poter dire: "Ma che brava persona ho avuto la fortuna di incontrare oggi!"

Nei confronti della sessualità

Il sesso è stato creato da Dio, quindi è qualcosa di bello e di pulito.

La procreazione e il piacere sono lo scopo per cui è stato creato.

Un'azione è buona solo se aiuta a far star bene sé e gli altri. È cattiva se danneggia sé o gli altri.

Alla luce di questo principio, oltre ai problemi relativi al sesso, si affrontino tutti i problemi relazionali: è bene tutto ciò che fa stare meglio l'altro, è male tutto ciò che lo fa stare peggio.

Come nella storia e nel mondo d'oggi l'imperativo categorico di amare se stessi e il prossimo è stato violato o rispettato

Premessa: la filosofia pratica e l'imperativo categorico

La parola filosofia vuol dire scienza della verità: per raggiungerla non basta la sola conoscenza ma ci vuole anche la pratica.

La filosofia pratica è quindi la scienza delle cose da perseguire per raggiungere la verità, filtrate dalla riflessione critica.

Un imperativo può essere ipotetico, che vale solo in determinate circostanze ("Se vuoi essere promosso, devi studiare") o categorico, che non accetta condizioni ("Tu devi studiare"), senza "ma" e senza "se". È un comando, un ordine.

La violenza sui minori e il telefono azzurro

È nato nel 1987 per difendere i diritti dei bambini e per Decreto del Presidente della Repubblica Cossiga è diventato un Ente Morale. Il numero da comporre, in caso di bisogno, è 196.96, operativo tutto l'anno, anche nei giorni festivi, 24 ore su 24.

Il Ministero delle Comunicazioni, il Ministero delle Pari Opportunità e il Ministero del Lavoro hanno affidato al Telefono Azzurro la gestione dell'Emergenza Infanzia col numero 114 e a questo numero si possono rivolgere tutti, bambini o adulti, per denunciare tutto ciò che coinvolge negativamente un bambino, da Internet alla carta stampata, dagli abusi sessuali alle violenze domestiche, dagli abbandoni alla pedofilia.

La violenza sulle donne e il telefono rosa

Il numero verde, quindi gratuito, per tutta Italia è 800.001.122. Può essere chiamato dalle donne che si trovano in difficoltà per problemi relativi a violenze, maltrattamenti e abusi di qualsiasi tipo (fisici, psicologici, sessuali, stalking ecc.). Chi si rivolge al Telefono Rosa? Non è esente alcuna categoria di donne, non c'è distinzione di età o di status sociale, dalle impiegate alle libere professioniste, dalle casalinghe alle disoccupate. Le operatrici del call center, gratuitamente, rispondono a tutte le richieste delle donne che subiscono violenze e le indirizzano a psicologhe, sessuologhe, avvocatesse civiliste o penaliste, criminologhe, esperte di diritto di famiglia.

Appello: Donne di tutte le età, se ricevete uno schiaffo dal vostro uomo, non pensate che quello sarà l'ultimo, ne riceverete tanti altri, se non reagite. Se pensate che il vostro partner cambierà, state più che certe, lo dicono le statistiche, vi sbagliate di grosso: cambierà ma in peggio, fino a ridurvi in schiavitù morale e anche fisica, impedendovi perfino di uscire di casa per andare a vedere le vostre amiche o i vostri parenti. Alla prima violenza dite che non siete disposte a sopportarne altre, pena la separazione. Se vedete scatenare la sua furia, succede spesso, fate buon viso a cattiva sorte sul momento, minimizzando le vostre parole ma, al più presto, appena ne avete l'occasione, andate dai carabinieri a denunciarlo, e lasciate la casa per andare presso qualche parente il più lontano possibile, se ci tenete alla vostra vita. Gli uomini che incominciarono con uno schiaffo finirono, molte volte, con l'uccisione della donna. Non pensate che non possa succedere nel vostro caso, perché lo pensavano anche molte altre giovani donne che oggi si trovano al cimitero, uccise dai loro mariti. Non abbiate nessuna pietà con chi è violento, perché, mentre voi siete buone, lui si comporta da bastardo: non merita nessuna pietà. Lasciatelo solo come un cane, espierà le sue colpe come merita. E non esitate a denunciarlo, avrà la fedina penale macchiata e si farà qualche anno in galera. Meglio lui in carcere che voi al cimitero. Se prima di lasciare la casa volete qualche consiglio, fate il numero 1522, gratuito: riceverete conforto e le istruzioni del caso.

L'infibulazione o la mutilazione genitale femminile

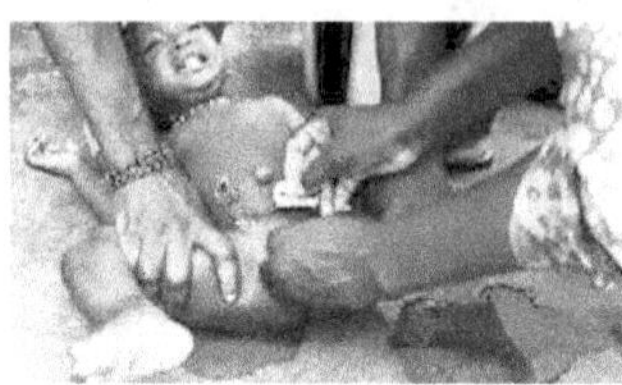

La parola deriva dal latino "fibula", che vuol dire "spilla". Consiste nella cucitura parziale dell'organo genitale femminile, lasciando solo un piccolo passaggio per l'urina e il sangue mestruale, con asportazione del clitoride, delle piccole e grandi labbra. Si tratta di una orrenda mutilazione genitale. È praticata in circa 40 paesi africani, nella penisola arabica e nel sud est asiatico, dove la donna, ingiustamente, è ritenuta un essere inferiore e senza alcun diritto alla sessualità. Le conseguenze sono tragiche per la donna, perché, privata del clitoride, non prova più alcun piacere sessuale. Gravi sono poi le conseguenze al momento del parto: spesso avviene la rottura dell'utero con conseguente morte del bambino e della madre. Il tessuto cicatrizzato della vulva, quindi poco elastico per le mutilazioni subite, ritarda il parto con il rischio che il feto, non avendo più ossigeno dalla placenta, subisca gravi danni neurologici.

I paesi islamici la praticano per conservare la verginità della donna fino al matrimonio e per non farle sentire alcun piacere. Ad una donna non infibulata, anche se vergine, viene difficile trovare marito, perché considerata impura. Per cui è la donna stessa che chiede di essere infibulata, perché così evita di essere emarginata dalla società in cui vive. La deinfibulazione, cioè la scucitura della vulva, viene praticata dallo sposo per permettergli di consumare il matrimonio. Dopo ogni parto la donna viene di nuovo infibulata con gravi problemi per lei, quali infezioni vaginali, impedimento a una regolare espulsione urinaria e mancanza di piacere.

I capi di Governo di tutto il mondo facciano applicare e rispettare la Risoluzione dell'Assemblea Generale dell'O.N.U. del 19 dicembre 2012 con la quale si dichiarano illegali le mutilazioni genitali femminili.

20

È una pratica barbara e crudele, che viene consumata a danno di povere bambine dai 4 ai 12 anni. Autori, quasi sempre, sono le loro stesse madri. I mezzi usati sono cocci di bottiglie rotte, aghi e fili, privi di ogni norma igienica. Le ragazzine, dopo aver subito l'amputazione, spesso muoiono per dissanguamento o infezione. Si calcola che circa 120 milioni di donne nel mondo abbiano subito questo orrendo scempio del loro corpo.

Genitori che vi siete macchiati del più orrendo delitto che un uomo abbia potuto compiere nei confronti di una figlia, un giorno subirete il giudizio di Dio che vi punirà severamente per tutta l'eternità (mi auguro anche la giustizia umana), perché avete deturpato il corpo della donna, creato da Dio, così stupendamente bello e perfetto. Nessun uomo ha il diritto di distruggere ciò che Dio ha creato. Se Dio e la Natura l'hanno plasmato così, così deve restare.

Lo stalking

La parola stalking deriva dal linguaggio tecnico venatorio e letteralmente vuol dire "inseguimento o pedinamento furtivo della preda". È una persecuzione che un molestatore assillante rivolge ad un'altra persona generandole paura, ansia e malessere psicologico, costringendola ad un sostanziale cambiamento delle proprie abitudini di vita.

Il molestatore con pedinamenti e appostamenti nei pressi dell'abitazione o del luogo di lavoro, con telefonate insistenti, biglietti, SMS, lettere, cerca un contatto diretto con la vittima. Si arriva a scritte sui muri, al danneggiamento di beni con atti vandalici, a minacce che talvolta degenerano in aggressioni fino all'uccisione della vittima.

Nel 2012, solo in Italia, 120 ex compagne, ex fidanzate o ex mogli sono state uccise dal loro uomo.

Il solo atto persecutorio è punito dall'art. 612 bis del Codice penale con pene che vanno dai 6 mesi ai 4 anni di reclusione. Nel caso di uccisione, quasi sempre con premeditazione, la pena è l'ergastolo.

Appello: Donne, se vi ritenete vittime di stalking, denunciate subito e senza esitazione alla polizia o ai carabinieri il vostro caso e poi cambiate abitudini, evitate di frequentare sempre gli stessi luoghi, fatevi accompagnare a scuola da un familiare, non siate mai sole e, nei casi più gravi, andate a vivere per un po' di tempo presso parenti o amici, il più lontano possibile, senza che nessuno sappia dove siete, cambiate il numero del vostro telefono e telefonino, chiedete al postino di respingere al mittente lettere sospette.

Il mobbing

Con questo termine si suole indicare un insieme di comportamenti violenti, quali umiliazioni, angherie, emarginazioni, che un individuo o un gruppo tiene nei confronti di un'altra persona, prolungati nel tempo con grave danno sulla salute psicologica della vittima.

Il datore di lavoro, a volte, ricorre al mobbing (gerarchico) per indurre il dipendente ad abbandonare il posto di lavoro ed evitare così i problemi connessi al licenziamento.

Si ha, invece, il mobbing orizzontale quando i "carnefici" sono gli stessi colleghi.

In alcuni casi il lavoratore ricorre al prepensionamento per evitare altri soprusi.   In Germania alcuni contratti sindacali prevedono un risarcimento a favore del lavoratore vittima di 250.000 euro.

In famiglia il mobbing mira alla delegittimazione di uno dei due coniugi nei confronti dell'altro per escluderlo dalle decisioni importanti, quali l'educazione dei figli.   Nelle famiglie separate è il genitore affidatario che lo esercita sui figli per far spezzare ogni legame con l'altro genitore.

A scuola si può manifestare in tre modi: il primo, in senso orizzontale, è quello che viene consumato ai danni di un compagno di classe (bullismo); il secondo è quello che un insegnante pratica ai danni di un allievo dando giudizi negativi ingiustificati, prendendo provvedimenti disciplinari esagerati o rivolgendogli espressioni denigratorie; il terzo, fenomeno poco conosciuto ma in continua crescita, si ha quando uno o più studenti prendono di mira un insegnante ritenuto debole e non in grado di tenere la disciplina e di farsi rispettare.

Le conseguenze del mobbing sulle vittime sono gravi: perdita di autostima, isolamento sociale e depressione che, in alcuni casi, porta al suicidio (in Svezia si calcola che il 20% dei suicidi sia dovuto al mobbing).

In Italia, dove si stima che oltre un milione di persone ne sono vittima, non esiste una legislazione che punisca il mobbing, ma è auspicabile che presto il Parlamento emani delle norme per contrastare questo fenomeno che tanto dolore produce nelle vittime.

La pedofilia

La parola pedofilia viene dal greco e vuol dire "affetto per il bambino".

È un disturbo del desiderio sessuale di una persona adulta che viene attratta da soggetti in età pre-puberale (11-13 anni).

I reati di pedofilia si verificano in luoghi di associazioni giovanili, centri religiosi quali oratori e seminari (essere cristiano non salva da questo), in famiglia, che da sola raggiunge il 60% dei casi segnalati. Difficilmente il bambino o la bambina denuncia il padre o il fratello maggiore, per paura di ritorsioni e di non essere creduto, e quindi di aggiungere al danno la beffa. Spesso il pedofilo è chi da piccolo ha subito violenze a sua volta. In molti casi i molestatori sono persone insospettabili, quali infermieri, pediatri, insegnanti, capi di gruppi giovanili religiosi, allenatori. Si pensa, erroneamente, che la totalità dei casi di pedofilia interessi il mondo maschile, ma il 4% dei casi è pedofilia femminile.

La pedofilia è una malattia e come tale si può curare.

Pedofili, curatevi in modo che non possiate più ripetere gli abusi.

Il Centro Nazionale per i bambini scomparsi o sessualmente abusati ha evidenziato che in Italia tra il 2004 e il 2007, cioè in soli 4 anni, sono scomparsi 3.400 minori per scopi di pedofilia o di traffico di organi o per satanismo.

Il lavoro minorile

Il fenomeno del lavoro minorile coinvolge bambini fra i 5 e i 15 anni, attualmente stimati nel mondo in 250 milioni.

Sono interessati principalmente i Paesi in via di sviluppo in Asia, Africa, Europa dell'Est, America del Sud, in particolare Colombia e Brasile.

In questi Paesi i bambini vengono impiegati soprattutto nelle piantagioni e nella produzione di tappeti, scarpe, vestiti, sono pagati con due dollari al giorno, che non bastano nemmeno per comprare il cibo.

La povertà e l'analfabetismo sono la causa, e nello stesso tempo la conseguenza, del lavoro minorile. Lavorando il bambino non può andare a scuola e resterà analfabeta, per cui non potrà difendere i suoi diritti nemmeno da adulto.

In Italia la legge 977 del 17 ottobre 1967 vieta lo sfruttamento del lavoro dei minori. Ciononostante si stimano circa 140.000 lavoratori tra i 7 e i 14 anni.

Un tentativo per arginare il fenomeno è stato promosso con la creazione di marchi che affermano il non utilizzo, per un dato prodotto. di alcuna manodopera minorile.

Tutti gli uomini onesti, sensibili al rispetto dei diritti dei bambini, dovrebbero sempre controllare che quel prodotto porti questo marchio e, in mancanza, non dovrebbero comprarlo, perché su quell'oggetto grava il sospetto che siano stati lesi i diritti dei minori.

Il padre padrone

Chi è il padre padrone? È l'essere più abominevole che possa esistere sulla faccia della Terra. La sua ignoranza e la sua mente malata gli fanno credere che il suo comportamento è per il bene della famiglia. In realtà, è l'opposto: sta rovinando la famiglia lasciando segni disastrosi che dureranno per tutta la vita dei figli e della moglie. Il rispetto non se lo conquista, lo pretende come dovuto. Vuole avere tutto sotto il suo controllo, perché crede che solo lui sappia fare le cose per bene e gli altri sbaglino sempre e non sappiano fare nulla di buono. Tutto deve andare secondo il suo modo di vedere: le idee dei figli e della moglie non contano nulla.

Con il suo comportamento dittatoriale, ingiustificato, distrugge la serenità, la felicità e la vita stessa dei figli e della moglie. Essere padre, per lui, è solo vietare di fare le cose: non insegna nulla perché dentro è vuoto. Non sa tenere un rapporto alla pari con gli altri, ma solo gerarchico. Non capisce che essere capo famiglia non vuol dire essere dittatore. Non sa, o non vuole sapere, che un vero capo è chi sa servire e guidare e non comandare e urlare. Non trovo parole che possano esprimere la mia rabbia verso questi esseri che provocano immense sofferenze all'interno della loro famiglia. Credono di essere superiori alla moglie e ai figli, che trattano come se fossero degli oggetti e non persone con la loro dignità.

Con le loro violenze, provocano timidezza e infelicità nelle vittime.

Arrivano a picchiare i loro figli solo perché inciampano o perché fanno cadere qualcosa dalle mani o perché non sono veloci ad eseguire i loro ordini. Si pensi quale profondo dolore provoca un padre padrone sul bambino che avrebbe dovuto trovare nel genitore un aiuto per superare le incertezze, per vincere le paure. Il bambino trova un padre che lo rende ancora più insicuro, che fa accumulare paure su paure Che mostro di padre è questo! Le forze dell'ordine, appena allertate, dovrebbero segnalare l'abuso all'autorità giudiziaria, che si dovrebbe premurare a togliere la patria potestà a questa belva umana che non ha alcun diritto di stare vicino a degli esseri innocenti, che hanno la sola colpa di essere nati in una famiglia con un mostro dentro. Il peccato del padre padrone è grave perché ha usato violenza verso un essere che non può difendersi, se poi quest'essere è un bambino, la sua colpa diventa gravissima. Se consideriamo, infine, che questo bambino è suo figlio, sangue del suo sangue, non ci sono parole per definire la mostruosità di quest'uomo. Quanti figli e figlie gridano: "Mio padre mi ha rovinato la vita perché in famiglia ho visto solo scene di violenza: mio fratellino veniva preso a pugni in faccia anche per azioni involontarie e fatte in buona fede".

Tutti coloro che assistono o vengono a conoscenza di simili delitti, perché di veri delitti si tratta, devono segnalare il caso al telefono azzurro o agli assistenti sociali e, nei casi più gravi, ai carabinieri, senza avere paura di niente e di nessuno. Un giorno Dio darà il giusto premio per le sofferenze che hanno risparmiato a degli esseri innocenti.

La prostituzione

Prostituirsi vuol dire offrire prestazioni sessuali dietro un compenso in denaro, beni o servizi. Gli Stati nel mondo reagiscono in vario modo: si va dalla pena di morte nei Paesi islamici, alla più completa legalizzazione nei Paesi Bassi. La più diffusa è quella femminile, seguita dalla maschile, transessuale e minorile. La prostituta di strada o "lavoratrice di strada", in abbigliamento molto succinto e appariscente, cammina sul marciapiede dove adesca i clienti che poi vengono portati in auto o in stanze di motel. Questo genere di prostituzione si concentra in determinate vie o piazze, chiamati "quartieri a luci rosse". Nei Paesi dove la prostituzione è legale esistono luoghi attrezzati (bordelli), dove poter esercitare l'arte più antica del mondo. In Italia non possono esistere bordelli, ma al loro posto sono nati numerosi sex club, che non hanno fatto altro che cambiare il nome ma non la sostanza.

Altra forma, più moderna, di prostituzione è quella di accompagnatori o accompagnatrici o "escort". Si mette un annuncio su un giornale o su internet e dopo il contatto telefonico la prestazione viene consumata nella residenza del richiedente o in motel. Le prestazioni sono varie e vanno dallo spogliarello al massaggio, fino ad arrivare alla prestazione sessuale completa. Le tariffe sono proporzionali al tipo di prestazione e al tempo impiegato. A volte superano anche i 2.000 euro, per incontro. In molte civiltà antiche, la prostituzione aveva un carattere sacro-rituale. Nell'antica Grecia esisteva sia la prostituzione femminile che maschile. Già nel VI secolo a.C. ad Atene esisteva il primo bordello dove esercitavano anche uomini adolescenti schiavi. Nell'antica Roma veniva praticata in edifici fuori dalla città, aperti solo nelle ore notturne, generalmente da schiave o donne di basso ceto sociale. In Italia nel 1860 sono nate le "case di tolleranza", chiamate così perché tollerate dallo Stato con tariffe che andavano dalle 2 lire per quelle popolari alle 5 lire per le case di lusso. Nel 1888 la legge Crispi vietò l'apertura di queste case in vicinanze di chiese o scuole, impose che tutte le finestre e porte dovevano restare chiuse, da qui il nome di "case chiuse". Il 20 settembre 1958 la cosiddetta legge Merlin imponeva la loro chiusura e introduceva il reato di sfruttamento o favoreggiamento della prostituzione. Da allora, tutti i tentativi di modificare la legge sono andati a vuoto, restando in vigore ancora oggi. Questo non impedisce che in Italia attualmente vi siano circa 70.000 prostitute, di cui 25.000 straniere, 2.000 minorenni e 2.000 donne e ragazze ridotte in schiavitù. Il 65% utilizza la strada come luogo di lavoro, il 30% l'albergo e il resto le case private.

Le lavoratrici sono nella quasi totalità donne (90%). Il milanese, per il maggior potere economico, è il luogo dove si concentra la maggior parte della prostituzione (40%), seguita da Torino (21%). Gli Italiani che hanno frequentato prostitute sono stimati in circa 9 milioni.

Strettamente legato alla prostituzione è lo sfruttamento, praticato allo scopo di trarre dei profitti da parte di persone chiamate protettori o lenoni o, volgarmente, "magnacci".

L'Assemblea Generale delle Nazioni Unite, nel 1946, affermò che la prostituzione forzata è incompatibile con la dignità umana, chiedendo la punizione di protettori e di proprietari di bordelli, abolendo tutte le registrazioni di prostitute. Ben 89 paesi ratificarono la convenzione, mentre Germania, Paesi Bassi e Stati Uniti non aderirono.

Il bullismo

Bullismo vuol dire "prepotenza", cioè un'azione violenta volontaria e continuata nei riguardi di un simile al fine di arrecare un danno, caratterizzata da uno squilibrio di potere tra l'aggressore, sempre il più forte, e l'aggredito, sempre il più debole.

Il bullismo include ogni forma di discriminazione, di molestie, di coercizioni, di offese scritte o verbali, di allontanamento dal gruppo.

La vittima spesso viene obbligata a subire rituali pericolosi come l'assunzione in grandi quantità di alcoolici o, a volte, la competizione in macchina ad alta velocità.

Al bullismo fisico sono maggiormente inclini i maschi: si colpisce la vittima con spintoni, sputi, calci e molestie sessuali. Il bullismo verbale si ha quando il bullo prende in giro la vittima, rivolgendo nomi offensivi, parolacce e minacce. Quello psicologico (maggiormente inclini le donne) tende ad escludere la vittima dal gruppo, mettendo in giro calunnie e pettegolezzi sul suo conto. Le conseguenze del bullismo possono essere gravi, fino ad arrivare al suicidio della vittima. Spesso il bullo è stato vittima di violenze nell'infanzia e, da adulto, corre il rischio di diventare un vero e proprio criminale. Quando il bullo crea un gruppo di sostenitori o spalleggiatori si hanno le "baby gang", che non hanno paura di essere viste e vogliono essere temute, senza percepire il pericolo di dover pagare per le loro azioni.

Il bullismo si manifesta in classe, nelle palestre, nei bagni, nei luoghi di lavoro, nelle forze armate (nonnismo), nelle carceri, ove spesso molti detenuti sono stati a loro volta bulli ed ora sono costretti a subire gli stessi abusi da altri detenuti o perfino dalle guardie carcerarie.

È errato sottovalutare il fenomeno pensando che si tratti di una semplice ragazzata. In realtà siamo davanti ad una delle più gravi piaghe della società d'oggi: non favorisce lo sviluppo della società e alimenta la criminalità.

Oggi il bullismo è sempre più diffuso tra i giovani ed i giovanissimi, coinvolgendo anche i bambini delle scuole elementari.

Il telefonino

Il computer e la televisione sono strumenti tecnologici di grandissima utilità, ma spesso c'è il rischio di sviluppare una vera e propria dipendenza nei loro confronti, così come nel caso del cellulare.

Nei primi anni della sua nascita, il telefonino era riservato a pochissimi, anche per il suo elevato costo; oggi quasi tutti, senza distinzione di età o di ceto sociale, ne siamo in possesso.

Con il telefonino si annullano le distanze e i tempi di rintracciabilità. Le sue funzioni si sono moltiplicate: si organizza il lavoro, le sveglie, le rubriche; si effettuano riprese fotografiche e filmati. È presente in tutta la nostra giornata. Ci permette di essere vicini alle persone che amiamo. I genitori hanno un valido strumento per essere costantemente presenti nella vita dei loro figli.

Però la comunicazione col telefonino non deve diventare l'unica possibilità di mettersi in relazione con gli altri. Lo strumento tecnico non può e non deve sostituire la comunicazione reale, il contatto sociale diretto, faccia a faccia.

I giovani sono i più colpiti dal fenomeno della dipendenza dal cellulare.

Si può parlare di dipendenza quando:
- si sente il bisogno di avere il telefonino sempre con sé,
- si dedica la maggior parte del proprio tempo libero a mandare SMS, a giocare, ad effettuare riprese fotografiche, ad impegnarsi in lunghe e frequenti telefonate,
- ci si fa prendere dal panico nel caso in cui si smarrisce o si scarica la batteria o non si ha più credito.

Quindi è necessario avere un rapporto equilibrato con il cellulare: è utile ma si può vivere anche senza. Se si è convinti di questo provare a spegnerlo per alcune ore al giorno; se non si riesce vuol dire che si è schiavi del telefonino.

La guida spericolata e l'omicidio stradale

In Italia ogni anno ci sono migliaia di morti: nel 2010 se ne contarono 4.000 e ci furono 300.000 feriti, per incidenti stradali; una buona parte è stata provocata da individui alla guida sotto gli effetti di sostanze stupefacenti o in stato di ebbrezza dovuta al consumo di alcool.

È assolutamente inaccettabile che chi uccide in questo modo resti impunito e la sera stessa dell'incidente mortale vada a dormire a casa come se nulla fosse successo.

Il Governo deve introdurre, al più presto, il reato di omicidio stradale, equiparandolo all'omicidio volontario, perché chi si mette alla guida di un mezzo sapendo di non averne i requisiti, senza patente di guida o sotto gli effetti di alcool o stupefacenti, è consapevole delle possibili gravi conseguenze.

L'abuso di alcoolici

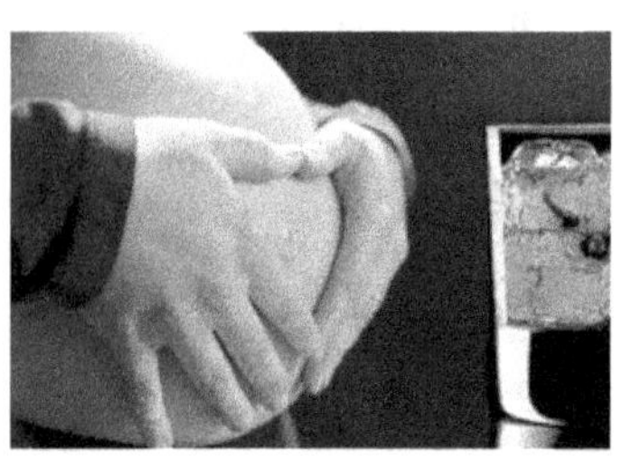

I mezzi di stampa e i servizi giornalistici spesso parlano del crescente consumo di bevande alcooliche e superalcoliche anche lontano dai pasti.

Quello che preoccupa maggiormente è che il problema riguarda sempre più i giovani tra i 14 e i 16 anni, e, in particolar modo, le ragazze. Si bevono uno dopo l'altro, in poco tempo, cinque o sei alcoolici diversi, fino ad ubriacarsi. Il 20% dei casi di intossicazione acuta alcoolica che giungono al pronto soccorso riguarda ragazzi al di sotto dei 14 anni.

La donna, data la ridotta massa corporea, corre maggiori rischi rispetto all'uomo. Le conseguenze a cui si va incontro sono: osteoporosi, tumori al seno, complicazioni cardiovascolari e anche infertilità. In gravidanza non è consentito alcun consumo di alcool.

L'etanolo che arriva alla placenta influisce negativamente sullo sviluppo dei tessuti e del cervello del nascituro.

L'Istituto nazionale per la ricerca sugli alimenti e la nutrizione raccomanda, a chi ha superato i 60 anni di età, data la diminuita ritenzione d'acqua nei tessuti e il generale indebolimento delle capacità fisiche, di non esagerare con le bevande alcoliche: non più di un bicchiere di vino o una lattina di birra al giorno, evitando quasi completamente i superalcolici.

La scuola e le associazioni sportive devono adoperarsi per affrontare il problema con conferenze e dibattiti e mettere i giovani in guardia sui pericoli che corrono con le "sbronze".

Le droghe

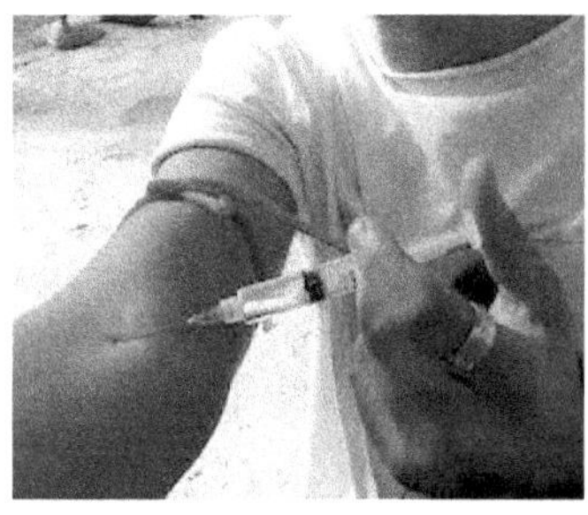

L'O.M.S. (Organizzazione Mondiale per la Sanità) definisce droghe tutte le "sostanze che modificano la psicologia o l'attività mentale".

Tutte le droghe – tanto quelle cosiddette leggere (marijuana, hashish, cannabis), quanto quelle definite pesanti (oppio, cocaina, eroina, morfina...) – sono ugualmente rischiose per la salute personale e per la società, perché creano dipendenza, criminalità, impotenza, follia, violenza... Senza contare il pericolo di contrarre malattie come l'AIDS (Sindrome da Immunodeficienza Acquisita) causata dall'HIV!

È falso quando qualcuno afferma che le droghe fanno star meglio.

Queste modificano il pensiero, il comportamento e la percezione delle cose.

Esse portano lentamente alla morte e il rischio di overdose è sempre altissimo.

Giovani e meno giovani, non usate alcun genere di droghe!

Se qualcuno vi invita a provare, mandatelo subito al diavolo.

L'analfabetismo

Analfabeta, in senso stretto, è colui che non ha alcuna capacità di leggere e scrivere; in senso più largo, è colui che è incapace di partecipare pienamente alla vita della società in cui vive, poiché non è in possesso di abilità fondamentali, come leggere gli orari del treno o dell'autobus, usare un computer o un telefonino, guidare un'auto, utilizzare l'inglese di base.

Secondo stime dell'UNESCO, il 65% degli analfabeti nel mondo è donna, di cui il 34% in India. La concentrazione maggiore si ha in America Latina, in Asia Orientale, nei Caraibi dove superano il 90% della popolazione.

In Italia si stima che sei milioni sono totalmente analfabeti e rappresentano il 12% della popolazione. Il record, in negativo, appartiene alla Calabria (32%), seguita da Basilicata (29%), Sicilia (24%), Puglia (24%), Campania (23%), Sardegna (22%), Abruzzo e Molise (19%), Umbria (14%). Il record positivo appartiene all'Alto Adige (1%), seguito da Lombardia (2%), Piemonte (3%), Valle d'Aosta (3%), Liguria (4%), Friuli Venezia Giulia (4%), Emilia Romagna (8%), Lazio (10%), Toscana (11%), Marche (13%).

Tra le città principali, Catania è quella che ha il maggior numero di analfabeti, seguita da Palermo e Bari.

Quando un individuo che tempo fa aveva imparato a leggere e scrivere, per mancanza di pratica, ha dimenticato del tutto questa tecnica, si dice che è un analfabeta di ritorno.

Ormai, giunti al nostro attuale livello di civiltà, non è più pensabile che continuino ad esistere fasce di popolazione così ampie, prive del possesso di quel minimo livello culturale che permetta loro di essere cittadini a pieno titolo di una società in cui vivere da analfabeta è vivere a metà.

Il fumo

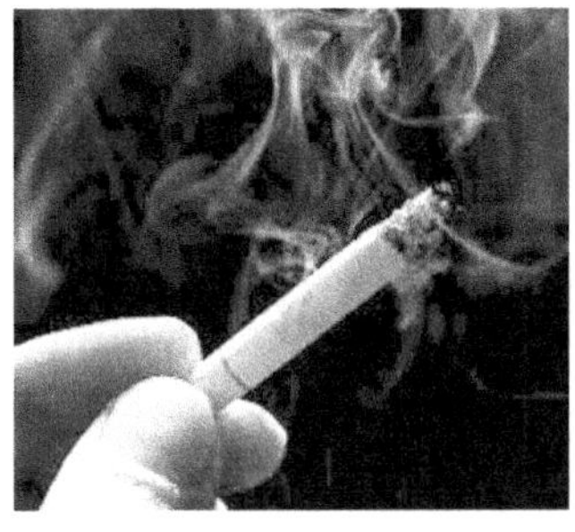

"Il fumo uccide", "Il fumo fa male", "Il fumo è cancerogeno" sono le scritte che tutti i fumatori sono costretti a leggere sui pacchetti di sigarette. Ma ciononostante si continua fumare e a morire. Il fumo è cancerogeno, perché è la causa della morte delle giovani cellule polmonari che incessantemente si replicano per supplire quelle morte per invecchiamento.

Il catarro è la conseguenza del mancato smaltimento del muco che serve ad eliminare virus o batteri che, rimanendo nei polmoni, generano polmoniti, bronchiti e faringiti. Il fumo, entrando nei polmoni, in parte si deposita sulla loro superficie e in parte va in circolo con il sangue, impedendone una normale ossigenazione.

Il cuore subirà un affaticamento perché dovrà pompare più in fretta e noi respireremo più velocemente (respiro affannoso). Lo sforzo è continuo e quindi più a rischio.

Il fumo provoca danni, oltre che all'apparato respiratorio e cardiovascolare, anche a quello urogenitale, al pancreas, al primo tratto dell'apparato digestivo, alla cavità orale, alla laringe, alla placenta e al feto.

Si può affermare che il fumo riduce le difese immunitarie e il controllo sulle infezioni, fa invecchiare precocemente il sistema polmonare, favorisce la formazione di tumori, aumenta la pressione arteriosa a causa della nicotina (che produce anche la mancata coagulabilità del sangue), rende soggetti a faringotonsilliti e laringiti croniche, facilita l'insorgere di ulcera gastrica e duodenale, danneggia il feto (che subisce un rischio maggiore di malattie e di mortalità), provoca una menopausa precoce e facilita l'osteoporosi nelle donne, fa perdere l'elasticità alla pelle facendola apparire più vecchia; negli adulti provoca tosse, difficoltà di respirazione, asma e impotenza precoce.

Nel fumo si trovano oltre 4000 sostanze chimiche, di cui 60 cancerogene.

Sono necessari dieci anni di astinenza dal fumo per ritornare ad essere paragonabili a chi non ha mai fumato.

Il fumo passivo si ha quando una persona respira il fumo da tabacco consumato dai fumatori. Una donna che vive con un fumatore ha il 25% di rischio in più di sviluppare un cancro al polmone. I figli di madri fumatrici hanno il 70% di rischio di avere malattie alle vie respiratorie. L'Organizzazione Mondiale della Sanità fa rilevare che nel mondo il 50% dei bambini è costretto a vivere in ambienti di fumatori, in Italia il 52% a subire il fumo in casa. Una donna fumatrice è la causa principale della morte improvvisa del bambino in tenera età.

Con tutti questi rischi e pericoli come fanno i fumatori a continuare a fumare?

La vecchiaia e i capelli bianchi

Col termine "vecchiaia" ci si riferisce all'ultimo periodo del ciclo vitale dell'uomo. Altri termini simili usati sono: senilità, anzianità, terza età. In Italia si chiama anziano un individuo da 65 anni in su perché, mediamente, è l'età in cui si lascia il lavoro svolto fino ad allora e si comincia a percepire la pensione. Se il numero degli anziani è in continuo aumento, questo è un buon segno sulla qualità della vita. Segnali caratterizzanti della vecchiaia sono il peggioramento della memoria, della vista e dell'udito; la pelle diventa rugosa, le arterie si induriscono rendendo più difficile la circolazione del sangue, i capelli si imbiancano o addirittura lasciano il posto alla calvizie, le ossa diventano più fragili: insomma tutto l'organismo diventa più debole e vulnerabile. L'Italia, dove il numero degli anziani continua a crescere e quello delle nascite a diminuire, a livello mondiale, è il Paese con il minor numero (1,2) di nati per donna. Conseguenza è l'invecchiamento della popolazione. È un pregiudizio considerare anziano chiunque abbia raggiunto una certa età anagrafica: la vecchiaia incomincia al momento in cui cessa la capacità di produrre o di apprendere o di fare progetti per il futuro. Bisogna saper essere vecchi, ricordando che anche la vecchiaia ha i suoi momenti belli. C'è da dire, infine, che non è così male se si pensa all'alternativa. A conferire il colore ai nostri capelli è una proteina, che si chiama melanina. Altre sostanze presenti sono il ferro (abbondante nei capelli rossi), il magnesio (in quelli neri), il piombo (nei capelli castani), lo zinco, il magnesio e il rame. Periodicamente (ogni 2-6 anni) i nostri capelli cadono e vengono sostituiti con altri nuovi. Assieme alle unghie e alla barba, i capelli crescono per tutto il tempo della nostra vita. È una leggenda, quindi non vera, la credenza che la barba e i capelli crescano anche dopo la morte: si tratta di una illusione, perché è la pelle che si contrae per la disidratazione.

Tra i 30 e i 40 anni, vale sia per gli uomini che per la donne, il capello incomincia a diventare bianco: il fenomeno è detto canizie o incanutimento. Le cause sono da ricercare in fattori genetici ereditari, metabolici (non viene più prodotta la melanina), nutritive (mancanza di sostanze che favoriscono la formazione della proteina necessaria) e psicologiche (traumi subiti possono far apparire il fenomeno anche in giovane età e in brevissimo tempo).

Infine, il capello bianco non è collegato alle capacità intellettive e produttive dell'individuo, quindi chi ha i capelli bianchi non è necessariamente vecchio, ma uno a cui manca la melanina.

Le maldicenze

La maldicenza è il parlar male degli altri, distruggendo la credibilità e la reputazione attraverso fatti distorti: è paragonabile all'omicidio per il danno provocato. La calunnia è uno scambio di informazioni destinate a distruggere la buona reputazione di persone che sono assenti e quindi non in grado di difendersi.

Le notizie riferite, anche se vere, vanno a danno della buona reputazione della vittima. Ci piace ascoltarle perché ci fanno sentire migliori di altri.

Molto spesso si diffondono notizie non vere, avute solo per sentito dire. Si esagerano o si interpretano in modo distorto notizie parzialmente vere (si vede un ragazzo parlare con una ragazza e si mette in giro che quello ha due fidanzate). Tutto ciò provoca dispiacere, tristezza nelle persone oggetto di calunnie. È un essere certamente ripugnante chi prova gusto nell'offendere la reputazione di chi ci sta accanto distorcendo la verità e facendo perdere serenità e pace. Mettere in giro maldicenze è come spargere le piume di un cuscino al vento e, dopo averle sparse, si vorrebbero raccogliere: è impossibile. Così le maldicenze, una volta sparse non si possono più cancellare. A volte un racconto, passando da una bocca all'altra, viene deformato perché non compreso bene, con l'aggiunta di particolari piccanti falsi, frutto di fantasia perversa. Come una palla di neve che si stacca da un montagna e si ingigantisce man mano fino a diventare una valanga, così una maldicenza diventa una grave calunnia.

Dobbiamo cercare di bloccare sul nascere ogni maldicenza.

Si narra che il grande filosofo greco Socrate ad un amico che stava per riferirgli una notizia sul conto di un altro, abbia detto: "Sei sicuro che la notizia che stai per dirmi è vera? Sei sicuro che la notizia che stai per dirmi sia una cosa buona? Sei sicuro che sia utile che io la sappia?" L'amico comprese e rinunciò a riferire la notizia.

L'amore per gli animali

Come si fa a non amarli? Ci danno il latte, le uova, la carne: polli, maiali, conigli, selvaggina, mucche, pecore, pesci... Voler bene agli animali non vuol dire non mangiare le loro carni, ma evitare loro inutili sofferenze. Dunque: mai comprare pellicce!

Altri animali come cani, gatti, uccellini, coniglietti ci danno affetto e compagnia.

Solo chi non ha avuto uno di questi animali in casa, non sa l'affetto che è capace di regalarci. Voler loro bene vuol dire farli crescere sani, non far loro mancare le dovute cure, le vaccinazioni, il cibo necessario, la pulizia: trattarli come si tratterebbe un figlio, coccole incluse.

Siamo certi che i nostri animali domestici, a differenza di tanti esseri umani, non ci tradiranno mai: staranno accanto a noi, per difenderci, per aiutarci a vivere meglio per tutta la loro vita.

Abbiamo molto da imparare da loro. Quanta crudeltà ci vuole per abbandonare un cane o altro animale in mezzo alla strada solo perché dobbiamo partire per una vacanza!...

Le superstizioni

Le superstizioni sono credenze popolari, incompatibili con le conoscenze scientifiche, che possono influire negativamente sulla vita degli uomini.

Nessun popolo nel passato ne è stato esente e nessun popolo dei giorni nostri ne è completamente esente.

La cultura moderna le condanna, mentre i media e la carta stampata le favoriscono (scandalosa è la lettura giornaliera dell'oroscopo in TV), anziché combatterle. Portare un particolare oggetto che si crede porti fortuna (l'amuleto), toccare ferro, sono alcune delle superstizioni a cui l'uomo crede, stupidamente. Si pensa che portando amuleti o talismani ci sia una forza occulta che possa aiutare o difendere da mali o pericoli, o per propiziarsi la fortuna. In realtà non ci aiutano per nulla, non ci difendono da alcun pericolo, non ci propiziano nessuna fortuna: tutto è casuale.

Il numero 17 per gli europei e il 13 per gli americani sono ritenuti portatori di disgrazie. Sugli aerei sono stati tolti questi numeri dalle file dei sedili per evitare che i superstiziosi possano credere che portino disgrazia. Non si capisce come mai tutti gli aerei caduti non avevano i numeri 13 e 17 e sono caduti egualmente.

È evidente che la superstizione è il segnale più eloquente della stupidità umana.

La magia

Col termine magia si vuole intendere tutto ciò che non si può spiegare con la scienza, almeno fino allo stato attuale delle conoscenze. Si usano gesti, figure, parole (esempio tipico "abracadabra") e soprattutto la mente dell'operatore.

Termini simili sono: stregoneria, scienze occulte, alchimia, astrologia, occultismo, esoterismo, veggenza: fanno parte di una sub-cultura propria dei popoli primitivi e non hanno nessun fondamento scientifico. Non bisogna credere ad alcun mago, perché nessun uomo può essere capace di predire il futuro per risolvere problemi. Non si devono sperperare soldi dandoli a quei ciarlatani che hanno il solo scopo di spillarveli.

Bisogna piuttosto andare da uno psicologo a chiedere consigli su come risolvere i vostri problemi. Mai più da maghi o cartomanti.

Non bisogna credere ai sogni

In molti si chiedono se i sogni possano rivelare qualcosa che poi accadrà e i morti, tramite il sogno, possono comunicare con i vivi e svelare ciò che accadrà in futuro.

Si giura che un sogno fatto si è dopo avverato: "Una persona cara defunta mi ha dettato dei numeri, li ho giocati e ho vinto". C'è da chiedere a costoro quante volte hanno sognato dei numeri e avendoli giocati non hanno vinto nulla. Certamente tantissime volte e ogni volta non hanno detto nulla a nessuno. Quando, ogni tanto, solo per il calcolo delle probabilità, il sogno si avvera si grida che ai sogni bisogna credere.

La nostra mente anche quando dormiamo, per tutta la notte, ha un'attività inconscia di composizione di immagini, di situazioni, che poi si dissolvono quando ci svegliamo, ad eccezione di quelle degli ultimi momenti, quando il sonno diventa più leggero.

Quindi quando sogniamo qualcosa è il nostro subconscio che elabora tutto e non i morti che, essendo morti non hanno alcun potere di prevedere il futuro, né tanto meno di rivelarlo ai vivi.

Non bisogna più credere ai sogni se non si vuole passare per persone sciocche e credulone.

Non siamo soli nell'universo

Nell'universo esistono miliardi e miliardi di galassie e ognuna contiene centinaia di miliardi di pianeti.

Esistono innumerevoli corpi celesti simili al nostro pianeta, con le stesse caratteristiche, dove è possibile l'esistenza di una forma di vita più o meno evoluta rispetto alla nostra.

Si può, a ragione, affermare che esistano altre forme di vita intelligente disseminate in tutto l'universo.

Le distanze sono enormi (si pensi che per percorrere la nostra galassia da un estremo all'altro, muovendosi alla velocità della luce, 300.000 chilometri al secondo, si impiegherebbero 2.000 anni per la sola andata) e nessuno sarebbe capace di coprirle.

C'è da concludere che esisteranno magari gli alieni, ma non avranno di certo l'aspetto con cui vengono presentati dai film, cioè simili all'uomo, ma le immense distanze ci impediscono di andarli a trovare o che loro vengano da noi.

Sono tutte fantasie gli avvistamenti di ufo di cui molti parlano.

Non si mette in dubbio la loro buona fede, si tratterebbe solo di fenomeni di cui la scienza fino ad oggi non ha saputo dare una spiegazione.

In conclusione si può dire che esistono di certo in tutto l'universo altre forme di vita, che noi non potremo conoscere mai, almeno con i mezzi di cui disponiamo oggi.

I matrimoni misti

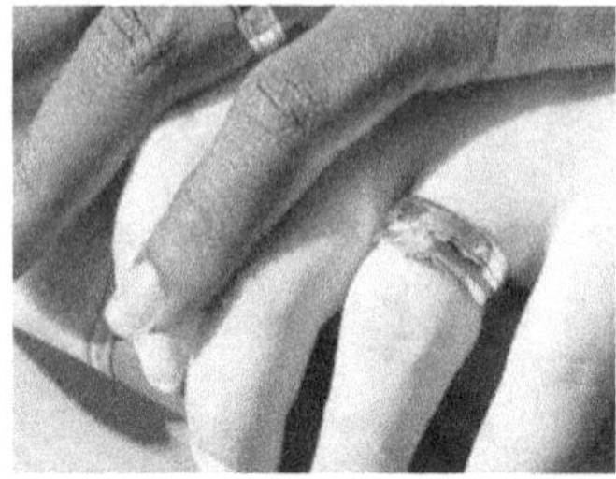

Si ha un matrimonio misto, quando coloro che lo contraggono differiscono per etnia, religione, nazionalità.

In questi ultimi anni vi è stato un continuo aumento di unioni fra italiani e stranieri, 800 mila convivenze e 200 mila matrimoni; in media otto su dieci unioni finiscono male o addirittura tragicamente. Le differenze di usanze, di cultura, di mentalità, le divergenze sull'educazione dei figli, fanno sì che tutto finisca ben presto. All'uomo italiano, all'inizio sembra tutto fantastico: lei bella, bionda, giovane, magra, ben vestita, alta, occhi azzurri, gentile, ma poi tutto finisce a contatto con la quotidianità.

Per le donne dell'Est non costituisce un problema: nel loro Paese chiudere un matrimonio non è un dramma perché lo si può fare in pochi giorni. Le donne italiane trovano sposi gelosi che pretendono di imporre abitudini religiose e alimentari (ad esempio la carne macellata secondo le modalità islamiche, per esempio). Al rifiuto di lei si scatena la violenza. Con i figli il problema è ancora più grave, perché la madre non ha alcun potere: in caso di separazione i figli vanno solo al padre. Gli Italiani sposano specialmente filippine, romene (25%), albanesi, ucraine, polacche. Le italiane sposano tunisini (15%), marocchini (24%), senegalesi. Gli stranieri sposano le italiane col solo interesse di ottenere la cittadinanza, anche senza parlare la nostra lingua, senza conoscere la nostra Costituzione e, soprattutto, senza sapere che in Italia le donne godono parità di diritti con l'uomo.

Oggi l'art. 116 del codice civile prevede che lo straniero che voglia contrarre matrimonio in Italia, oltre a produrre un nulla osta da parte del Paese di provenienza, deve presentare un documento che attesti la regolarità del soggiorno. Quindi gli stranieri non in possesso di tale documento di soggiorno, non possono più contrarre matrimonio.

È stato così posto un freno al matrimonio misto troppo facile, contratto con il solo scopo di procurarsi la cittadinanza italiana.

L'immigrazione

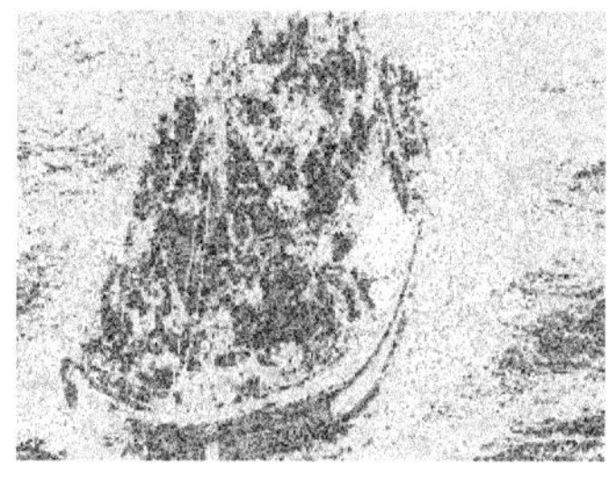

Con il termine immigrazione si intende il trasferimento temporaneo o permanente di una persona o di gruppi dal proprio Paese ad un'altra nazione ritenuta più sviluppata dove si pensa poter trovare condizioni di vita migliori.

Le cause del fenomeno sono varie: sfuggire a guerre, genocidi, carestie, terremoti, persecuzioni religiose o conseguire un titolo di studio o riunire la famiglia. Anche l'Italia nel XIX secolo fu interessata al fenomeno: decine di migliaia di persone partirono per le Americhe in cerca di fortuna. Nell'ultimo dopoguerra moltissimi emigrarono in Australia, nelle Americhe e in varie nazioni europee.

Oggi, nel XXI secolo, gli Italiani interessati all'emigrazione sono pochi, mentre stiamo assistendo a un fenomeno opposto: sempre più persone disperate, provenienti da Paesi poveri, arrivano da noi in cerca di lavoro. Per noi è una ricchezza trovare braccia pronte a lavorare, senza aver speso per loro un centesimo, se si pensa che un bambino prima che possa produrre è già costato alla collettività 100.000 euro per spese di nascita, vitto e istruzione.

La legge Bossi-Fini ha cercato di ostacolare l'immigrazione con l'emissione di leggi che puniscono penalmente i clandestini.

Si ritiene una cosa giusta modificare la legge eliminando il reato penale e vedere, caso per caso, se lo scopo dell'immigrazione è per lavoro o per commettere reati. Nel primo caso bisogna lasciare in pace il lavoratore e nel secondo, appena un giudice pronuncia il decreto di espulsione, bisogna mettere materialmente il clandestino su un aereo e rispedirlo nel Paese di provenienza. Non si deve più ripetere il fenomeno per cui, dopo l'emissione dell'espulsione, si lascia libero di girovagare per l'Italia e di tornare a commettere altri reati.

L'immigrato proveniente dal Ghana che a Milano ha ucciso a picconate tre pacifici cittadini aveva a suo carico tre espulsioni mai rispettate.

C'è da concludere che bisogna essere molto severi verso coloro che si rendono responsabili di reati.

Le zitelle e gli scapoli

Si può chiamare "zitella" una donna dai 35-40 anni in su, e "scapolo" un uomo dai 40-45 anni in su, sostanzialmente quando si perde la speranza di trovare un partner fisso per il resto della vita.

Non si capisce perché un uomo scapolo impenitente è "fico", mentre una donna è una vecchia zitella. Scherzosamente qualcuno definisce zitella una donna che non è riuscita a sposarsi, mentre lo scapolo è un uomo che è riuscito a non sposarsi. È solo una battuta spiritosa che non ha nulla di vero. Si può essere *single* senza essere necessariamente zitella o scapolo. Alcuni decenni fa era una vergogna, oggi non più. Le ragazze, forse perché hanno avuto molte esperienze, sono diventate sempre più selettive e dicono di non trovare nessuno alla loro altezza. Per alcuni però non è una scelta, ma una sfortuna che bisogna subire. Molti celibi o nubili desiderano essere coniugati, mentre molti sposati rimpiangono gli anni in cui vivevano felici da soli, perché non dovevano dare conto a nessuno.

Una cosa è certa: l'uomo non è mai contento, i single vogliono essere sposati e gli sposati vogliono ritornare ad essere single.

Considerazioni

Certo la libertà è bella, ma è altrettanto bello stare con un partner con cui condividere gioie e dolori, essere innamorati, concepire, far nascere e crescere dei figli. Solo chi non ha avuto la fortuna di essere genitore ignora le gioie che si provano quando si ha la buona sorte di avere dei bambini. Chi vuol godersi la libertà di single, ha tutto il diritto di farlo, ma fino ad una certa età, dopo deve rinunciare a qualcosa per poterne avere un'altra. Si rinuncia alla libertà per intraprendere un percorso che permette alla specie umana di continuare la sopravvivenza su questo pianeta.

Donne, non siate troppo esigenti quando vi innamorate di un uomo, non pretendete di trovare la perfezione, perché non esiste, non la troverete mai, accontentatevi di qualcuno che si avvicina più degli altri al vostro ideale di uomo.

Uomini, non pensate che tutte le donne oggi sono poco di buono, anche se ce ne siete tanti ad affermarlo. Ci sono donne che hanno dei principi sani, e che, trovato l'uomo giusto, non lo tradiranno per tutta la loro vita. Si tratta di cercarle ed oggi le occasioni non mancano.

Individuata un donna che potrebbe essere quella giusta, fate il primo passo senza vergogna o timidezza. Con una scusa avvicinatevi a lei e chiedete cosa fa di bello nella vita, quali sono le sue aspettative nell'immediato futuro, se le piace viaggiare, qual è il suo sport preferito e così dicendo. Dalle risposte avute avrete già una prima impressione della persona che vi sta davanti. Se poi, sia per lui che per lei, è stato piacevole essere stati insieme, se si è creato un certo *feeling*, potete promettervi di rivedervi e scambiarvi il numero di telefono. Se dopo un certo tempo scoprirete che siete l'uno per l'altro, continuate ed intensificate i vostri incontri, se invece scoprirete che non avete trovato la persona giusta troverete diversi modi per dirglielo. Fate capire che non siete fatti l'uno per l'altro, perché troppe differenze vi separano. Dite che avete bisogno di un certo lasso di tempo (la famosa pausa di riflessione) per decidere. Dopo si vedrà.

L'altra parte capirà che c'è qualcosa che non va per il verso giusto e pian piano si rassegnerà. Magari fatevi vedere con un altro partner e tutto sarà finito. Si ricomincia subito dopo, fino a quando troverete la persona giusta per il matrimonio. Insomma se avete la volontà di non restare single la strada giusta non manca.

Le suocere e le nuore

È un luogo comune che le suocere sono tremende ed hanno sempre torto, ma dobbiamo ammettere che anche le nuore a volte sono tremende. Le nuore sono spesso prevenute nei confronti delle suocere, ma è anche vero che spesso hanno da affrontare situazioni difficili, quali suocere impiccione, cognate invadenti, mariti mammoni che non hanno capito che sono già cresciuti e che non c'è più solo la mamma nella loro vita. È vero che i figli maschi sono attaccati alle madri e che in caso di conflitto si schierano dalla parte della madre.

A volte alla nuora viene da pensare che sarebbe stato molto meglio se avesse trovato un fidanzato orfano di madre. Non si può negare che spesso ci sono nuore che vanno perfettamente d'accordo con le suocere. Una mamma non può e non deve mai mettere i mezzi per rovinare il matrimonio del figlio. A una suocera criticona, a cui non va mai bene nulla della nuora, forse interessa di più avere un figlio divorziato ma a casa, piuttosto che vederlo felice ed appagato accanto a sua moglie. Non si rende conto che i figli hanno bisogno di vivere la loro vita da soli anziché accompagnati da assillanti e continui consigli ed intromissioni. Dimentica che un tempo, non molto lontano, anche lei è stata nuora e certo non le piaceva un suocera impicciona.

Le suocere non possono dare sempre la colpa alle nuore, dovrebbero fare un esame di coscienza e certamente scoprirebbero che molte volte la colpa è solo loro. Mai, quando c'è una suocera impicciona, averla sotto lo stesso tetto: i vantaggi sarebbero minimi e gli svantaggi enormi! Due persone che si sposano devono vivere da sole e avere la loro privacy. La Cassazione ha stabilito che i suoceri troppo invadenti ed impiccioni possono costituire giustificato motivo di separazione.

Alle nuore c'è da ricordare che anche loro un giorno avranno il ruolo di suocere e la storia si ripeterà; anche loro, agli occhi delle nuore, appariranno impiccione e troppo protettive verso i figli maschi.

In conclusione c'è da dire che solo il buon senso e la comprensione sono il rimedio per un buon rapporto tra suocera e nuora.

I ricchi sempre più ricchi e i poveri sempre più poveri

L'1% della popolazione mondiale ha concentrato quasi tutta la ricchezza nelle proprie mani, lasciando al rimanente 99% le briciole. I paradisi fiscali, con 32 trilioni di dollari, detengono un terzo della ricchezza globale: "chiudendoli" il fisco guadagnerebbe 190 miliardi di dollari.

Quello che i cento super-ricchi del mondo guadagnano in un anno (240 miliardi di dollari) basterebbe per sconfiggere per quattro volte la povertà nel mondo. La crisi mondiale del primo e del secondo decennio del XXI secolo non ha frenato, anzi ha aumentato le risorse dei ricchi e contemporaneamente la miseria dei poveri. In Italia il 10% della popolazione detiene il 50% delle ricchezze. I ricchi nascondono le loro ricchezze e così evadono il fisco.

Ci sarebbe più trasparenza mettendo *online* i dati relativi al reddito.

Non si capisce come mai in Italia coloro che dichiarano un milione di reddito sono solo 682, mentre esistono 100 mila yacht e 600 mila auto di lusso. C'è troppa disparità nelle retribuzioni di lavoro. Un ministro incassa in un anno 200 mila euro, un super-burocrate statale 370 mila, il generale comandante dell'Arma dei Carabinieri 462 mila, il capo della polizia 612 mila e un top manager nel settore privato l'astronomica cifra di 4,5 milioni!

Un operaio deve sopravvivere con uno stipendio che si aggira attorno ai mille euro al mese, mentre un super manager (i banchieri soprattutto) o un burocrate dell'apparato statale si ritrova in busta paga cifre da capogiro.

Il Paese è in recessione perché il povero non ha i soldi da spendere, le aziende non vendono i loro prodotti e chiudono, quindi licenziano, creando altri poveri.

I mezzi per risolvere il problema ci sono, basta metterli in pratica.

Bisogna:

- investire più risorse economiche ed umane nella scuola;
- riordinare la sanità pubblica, evitando gli sprechi e facendo pagare per le prestazioni un ticket in base al reddito (per quelli bassi il costo deve essere zero);
- combattere l'evasione, facendo pagare ciascuno in proporzione al proprio guadagno;
- far rientrare, sequestrandone il 50%, i soldi portati clandestinamente all'estero (si calcola che solo in Svizzera ci siano 130 miliardi di euro), stringendo accordi con i governi stranieri, che dovrebbero fornire i nomi dei cittadini che hanno depositato ingenti somme nelle loro banche;
- combattere gli scandali dei politici e degli amministratori pubblici;

- dare la giusta retribuzione a chi lavora (una borsa di una grande firma che nei negozi frequentati da ricchi costa mille euro, a chi la produce viene pagata solo 5 euro);
- eliminare tutti i privilegi delle caste (politici, burocrati...): tra lo stipendio minimo ed il massimo non ci può essere un differenza che superi cinque volte tanto.

La povertà, infine, ha anche effetti collaterali, quali la diminuzione dei matrimoni e delle nascite, l'aumento dei giovani che vanno all'estero in cerca di lavoro, l'incremento della prostituzione e dei piccoli reati, quali furti e rapine, che servono per avere un minimo di "autofinanziamento".

Andando avanti così, prima o poi, la gente esasperata farà scoppiare la rivolta dei poveri, frustrati, contro i ricchi, troppo privilegiati.

Il gioco d'azzardo

Il Governo italiano, invece di scoraggiare il gioco d'azzardo, autorizza altre migliaia di agenzie di scommesse sportive, di bische, di *slot machine*, permettendo anche una pubblicità ingannevole che identifica il gioco d'azzardo con il sogno di una vita migliore.

Il gioco d'azzardo ha già prodotto 800.000 "malati".

Il giocatore patologico è sempre più dipendente nei confronti del gioco, impegnando sempre più tempo nelle giocate e sempre più denaro, nella vana speranza di recuperare ciò che ha perso.

Il risultato è, nella maggior parte dei casi, la perdita di tutto quello che si ha: risparmi, casa, famiglia, pace, lavoro.

Ultima invenzione è il gioco d'azzardo *online*.

Chiunque è in possesso di un computer e di un carta di credito, 24 ore su 24, può accedere al gioco, con la massima comodità (il che costituisce un'ulteriore tentazione) senza essere visto da occhi indiscreti, trascurando la famiglia e i rapporti sociali.

Coloro che prestano denaro

Coloro che prestano denaro (siano banche, finanziarie o semplici privati) non devono approfittare dello stato di bisogno di chi si rivolge loro per un aiuto, devono chiedere solo gli interessi che la legge permette, senza raggiri ingannevoli.

Le banche

Le banche hanno riscosso per decenni interessi illegittimi facendo pagare ai clienti interessi su interessi, capitalizzandoli trimestralmente (si tratta del cosiddetto "anatocismo", cioè la capitalizzazione composta).

Oggi giustizia è stata fatta, grazie alle sentenze della Cassazione e della Consulta, che hanno dichiarato illegittimo il decreto legge del governo chiamato "Salva banche", che avrebbe dovuto permettere loro praticamente di non pagare più nulla del giusto rimborso ai clienti.

Le banche devono restituire tutto il denaro riscosso illegittimamente.

Purtroppo però le banche sborseranno, si calcola, una piccolissima parte di quanto dovrebbero, perché ignoranza, lunghe e complicate pratiche, requisiti molto restrittivi, come la conservazione e l'esibizione di documenti di molti anni addietro, fanno sì che pochissimi saranno in grado di usufruire di questi vantaggi pur garantiti dalla legge.

Sarebbe stato certamente più semplice e più giusto obbligare le banche, dato che esse ne sono in possesso, ad esibire i documenti che i clienti non hanno più.

Purtroppo, ancora una volta, è stata fatta solo una giustizia "teorica": praticamente le banche continueranno a trattenere ingiustamente i soldi che invece dovrebbero tornare nelle tasche dei legittimi proprietari.

Le finanziarie

Sono un'assurdità, non per il fatto che esistono, ma per il loro comportamento. Il Governo ha emesso una legge contro l'usura, ma poi ha dato possibilità alle finanziarie di rubare, perché di furto si tratta, il 10% di interesse (loro lo chiamano spese di recupero, una o due telefonate di minacce), anche per qualche giorno di ritardo, arraffando con questo meccanismo anche il 240% in ragione annua. Ma siamo impazziti? Il 20% di tasso è usura e il 240% è legale? Nel Regno Unito la soglia di usura è stabilita all'8%, negli U.S.A. al 10%.

Ma come possiamo chiedere onestà agli onorevoli, che sono quelli che fanno le leggi, se loro, pur avendo noi col 93% di voti abolito il finanziamento pubblico ai partiti, hanno emesso una legge a loro favore, chiamata "rimborso spese", per prendere furtivamente quello che il referendum aveva vietato? È cambiato il nome ma la sostanza è rimasta: dalle casse dello Stato, cioè nostre, escono milioni di euro per spese di viaggi, di cene, di carburante ed altre spese del tutto personali. Un noto programma televisivo ha dimostrato che con le auto blu gli onorevoli vanno allo stadio (in occasione di una sola partita se ne sono contate 90), al teatro, a fare la spesa.

Gli scandali della Lega Nord, della Regione Lazio, della Regione Sicilia (notiamo che non è esente né il nord, né il centro, né il sud, né la destra, né la sinistra, né il centro) sono tre casi saltati alla ribalta della cronaca, ma, se si indaga per bene, non si salva nessuno.

Sono quasi tutti imbroglioni e disonesti.

Il cittadino onesto si chiede: "Perché loro devono avere il rimborso spese e tutti gli altri cittadini no? Perché lo Stato non paga a tutti la benzina che si consuma per andare al lavoro, il pranzo, la cena, il pernottamento?" È stata violata la norma della Costituzione italiana che dice "Tutti i cittadini sono uguali di fronte alla legge e godono di pari diritti e doveri". Un cittadino che guadagna 800 euro al mese non ha un centesimo di rimborso, mentre un onorevole che guadagna anche 20.000 euro al mese ha anche, spesso, altri 5.000 euro di rimborsi. Siamo nelle più totale ingiustizia o pazzia.

Cosa aspetta la Legge ad abolire tutti i rimborsi spese e tutti i privilegi di casta a tutti i livelli? Bisogna lasciare solo tre auto blu: una per il presidente della Repubblica, una per il presidente del Consiglio ed un'altra per il presidente della Corte Costituzionale, per il resto vanno tutte abolite. Vanno aboliti tutti i rimborsi spese.

Ognuno usi la propria auto per andare a lavorare, faccia il pieno di benzina sborsando i soldi dal proprio portafoglio.

Ma le leggi le fanno gli onorevoli (che chiamerei disonorevoli!) beneficiari delle stesse, quindi non aspettiamoci troppi cambiamenti.

Gli strozzini o usurai

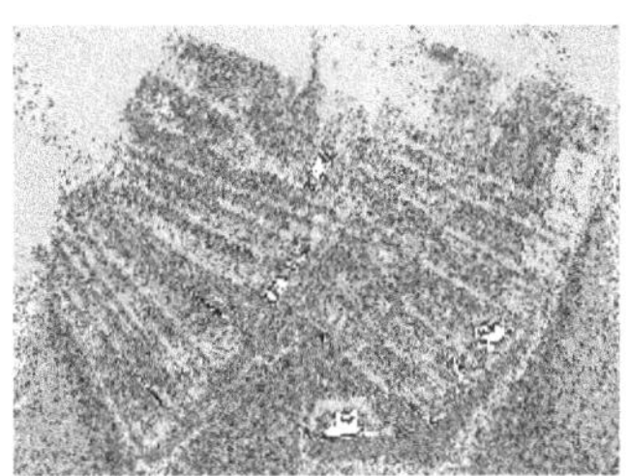

L'usura consiste nel fornire prestiti a tassi di interessi illegali a chi è in difficoltà economiche ed ha precluso il credito bancario.

Si calcola che solo in Italia esiste un giro d'affari di circa 30 miliardi di euro e che un terzo del giro d'usura sia in mano alla delinquenza organizzata.

Numerosi sono gli atti di violenza (minacce all'incolumità fisica propria e della famiglia, incendi, bombe) per piegare la volontà delle vittime.

Lo strozzinaggio da parte di banche, finanziarie e usurai ha prodotto disastrose conseguenze con suicidi, famiglie distrutte, pace perduta.

La giustizia in Italia

La giustizia in Italia viene rappresentata come una donna che regge una spada e una bilancia. Compito della giustizia è quello di dare ad ognuno il suo: far risarcire chi ha subìto un torto e punire chi quel torto ha perpetrato.

Varie sono le cause del malfunzionamento della giustizia in Italia: troppe leggi, errori dei magistrati, lentezze processuali, corruzione, troppi processi, sovraffollamento delle carceri. Nel 2011 si sono celebrati in Italia 9 milioni di processi: troppi. Forse noi Italiani siamo un popolo troppo litigioso, che inventa una causa anche per futili motivi.

Ci vogliono 7 anni per arrivare ad una sentenza civile (a volte si arriva anche a 15 anni) e 5 anni per una penale, con una spesa complessiva annua di 16 miliardi di euro. Gli errori giudiziari con le ingiuste detenzioni costano 46 milioni di euro l'anno. Troppe persone si trovano in galera (ben 28 mila) in attesa di un processo.

Un rimedio efficace potrebbe essere la depenalizzazione di alcuni reati minori, la sostituzione della condanna penale con una sanzione amministrativa, lo stanziamento di maggiori risorse per sopperire la mancanza di organico dei giudici. All'eccessivo numero di leggi si potrebbe dare rimedio con un'opera intelligente di semplificazione.

A tutto questo si deve accompagnare un'adeguata educazione alla legalità, basata sul concetto che il rispetto delle leggi porta benefici sia all'individuo sia alla collettività.

Inoltre i giudici devono essere coinvolti personalmente negli errori giudiziari. Se sbagliano o per troppa severità o per troppa leggerezza, devono pagare di tasca il danno provocato. Non deve essere lo Stato, cioè noi cittadini, a pagare per i loro errori.

Una giustizia, per essere "giusta", deve dare la certezza della pena.

Criminali che si sono macchiati di gravi reati, come l'uccisione della propria moglie o compagna, con la scelta del rito abbreviato e con un'apparente buona condotta in carcere, hanno avuto la pena ridotta a meno di dieci anni di galera. Questa è una mostruosità della legge italiana.

In America, nello Stato di New York, è stato comminato l'ergastolo ad un ragazzino che, per sfamarsi, aveva "rubato" una mela, solo perché era al suo terzo furtarello. In Italia, invece, si ammazza una persona e dopo pochi anni si vede l'assassino a casa in licenza premio, per buona condotta o per fine pena. Ragazzi che hanno trucidato fratellino e mamma, si sono visti, dopo pochi anni, di nuovo liberi (liberi di uccidere ancora, forse). Non c'è proporzione tra i due trattamenti.

Troppa severità nel primo caso, troppo buonismo nel secondo.

Si dice che bisogna reinserire il detenuto "redento" nella società dandogli anche un lavoro. Il comune cittadino si chiede come mai chi è onesto non trova lavoro, e nessuno glielo cerca, mentre a chi ha commesso anche un grave delitto lo Stato procura un lavoro? Ma è giustizia questa? Un criminale che ha tolto la vita, il bene più grande, ad un altro uomo deve scontare per tutta la vita la sua colpa.

Spesso il criminale resta tale per tutta la vita, ne è prova il fatto che molti ritornano in carcere, perché reiterano il reato.

I magistrati, con l'aiuto di sociologi e psicologi, prima di concedere sconti di pena e licenze premio, devono valutare caso per caso.

Chi non si è redento deve restare in galera per tutto il tempo della pena. Questa non è troppa severità, ma giustizia.

La politica

Il termine vuol dire "Arte di governare uno Stato", riguarda sia chi lo fa attivamente e per mestiere, sia chi subisce e, non contento, scende in piazza per protestare.

In un governo democratico, come dice la stessa parola, a comandare è il popolo, a differenza della monarchia dove a comandare è uno solo, della oligarchia dove sono solo pochi e della aristocrazia dove sono solo i "migliori".

In Italia, dove vige una democrazia parlamentare, tutti i cittadini governano tramite i loro rappresentanti eletti liberamente: i parlamentari dovrebbero curare il bene dei cittadini che li hanno votati ed eletti.

Oggi però i politici, invece di curare il bene comune, pensano solo a se stessi, aumentandosi lo stipendio, accumulando privilegi su privilegi, approvando leggi che permettono loro, dietro una semplice autocertificazione, di incassare rimborsi spese milionari, in netta violazione all'esito del referendum che ha bocciato – col 92% dei consensi! – il finanziamento pubblico ai partiti.

Nel 2009 col D.L. 194, il cosiddetto "Mille proroghe", il governo italiano ha permesso la regolarizzazione delle attività finanziarie e patrimoniali illegalmente detenute all'estero. Con il pagamento del 5% sulla cifra illegale chiunque poteva regolarizzare la propria posizione penale e tributaria, conservando l'anonimato.

Un comune cittadino si chiede se è giusto che chi è stato onesto dichiarando i propri guadagni debba pagare il 45% di tasse, mentre chi ha nascosto al fisco tutto o in parte, con lo "scudo fiscale" sani l'abuso pagando solo una cifra irrisoria. Sarebbe stato più logico far pagare il 50% e il restante 50% lasciarlo al cittadino, come hanno fatto altri stati in occasione di condoni.

C'è chi fa passare delle leggi *ad personam* per risolvere i suoi guai giudiziari, anziché emanare leggi che aiutino l'occupazione dei giovani e dei meno giovani, il rilancio della produttività, il miglioramento dell'istruzione e dell'assistenza sanitaria.

E poi ci sono pure altri problemi da risolvere, come il sovraffollamento delle carceri, la lotta alla criminalità organizzata, il conflitto d'interessi, l'alta percentuale di disoccupazione, le ingiustizie sociali. È una vera e propria vergogna vedere stipendi da 50.000 euro al mese e stipendi da 800 euro, pensioni da 45 000 ed altre da 400. Un ex amministratore delegato dell'Alitalia ebbe un TFR (trattamento di fine rapporto) di 6 milioni di euro ed una pensione di 40 mila euro al mese, mentre gli esodati restano senza stipendio e senza pensione. La politica deve risolvere queste ingiustizie, fissando un minimo e un massimo: il massimo non dovrebbe in ogni caso superare 5 volte il minimo (si confronti con quanto affermato a pag. 46).

Nel 2011, il governo italiano ordinò la costruzione di 120 cacciabombardieri, poi ridotti a 90 dal governo Monti, gli F35, dichiarati vulnerabili anche ai fulmini, al costo di 110 milioni di euro ciascuno (non si capisce chi e cosa dovrebbero bombardare). Oggi si farebbe bene a stornare la cifra per l'acquisto di 100 *canadair* utili per spegnere gli incendi (che nel periodo estivo distruggono migliaia di ettari di bosco) e di 50.000 telecamere per la videosorveglianza. Spenderemmo di meno e quanti vantaggi si avrebbero per l'ambiente!

Infine, si facciano rientrare dalla Svizzera in Italia i 130 miliardi di euro esportati illegalmente, lasciando ai proprietari il 50% e il 50% si metta nelle casse dello Stato (si confronti con quanto affermato a pag. 45).

I capi di stato e di governo

Siano i servitori dei loro popoli, non i loro oppressori. Si adoperino a far sì che i loro cittadini migliorino il loro tenore di vita con l'istruzione per tutti e con una sufficiente alimentazione.

Non costruiscano armi, ma macchine per migliorare le colture dei campi.

Non siano uomini di guerra e di morte ma di pace e di progresso.

Combattano la fame, l'ignoranza, le lotte tribali, la delinquenza, le malattie, la povertà, creando lavoro, case, scuole, infrastrutture, ospedali; non pensino ad arricchire sé e le loro famiglie nascondendo in banche straniere compiacenti ingenti quantità di denaro rubato al loro popolo.

I peggiori uomini: i dittatori del XX secolo

Con il loro potere illimitato, disponendo, arbitrariamente e senza averne alcun diritto, della vita e della morte dei loro sudditi, sono stati il peggior flagello che abbia potuto colpire diversi popoli della terra specie nel XX secolo.

 Tristemente sono da ricordare:

Adolf Hitler (a chiamarlo una bestia faremmo un'offesa agli animali) ha provocato la seconda guerra mondiale che ha causato 50 milioni di morti, un numero ingente di feriti, sofferenze immense a diversi popoli, in particolar modo agli ebrei e ai russi, i primi con 10 milioni e i secondi con 20 milioni di caduti, nonché la distruzione quasi totale della Germania.

Pensava che il suo impero sarebbe durato 1000 anni, in realtà dopo 12 anni (dal 1934 al 1945) è andato in rovina, grazie alle forze congiunte di Russi, U.S.A. e Gran Bretagna, che per annientarlo, purtroppo, hanno dovuto radere al suolo molte città tedesche, compresa Berlino.

Stalin, fu un dittatore sovietico bolscevico e segretario generale del partito comunista dell'Unione Sovietica dal 1924 al 1953.

Sotto il direttivo di Lenin, guidò la Rivoluzione d'ottobre.

Dopo la morte del suo predecessore assunse i pieni poteri. Dal 1935 iniziò il sanguinario periodo delle purghe (le tristemente famose purghe staliniane) e del terrore: eliminò con inaudita spietatezza tutti i suoi avversari, reali o presunti, nel partito, nelle forze armate, nell'economia. Organizzò i famigerati Gulag, campi di detenzione e di lavoro forzato, dove furono rinchiusi e fatti morire milioni di persone in condizioni disumane. È questa la pagina più nera della storia dell'URSS, che getta ignominia su tutto l'operato del dittatore. A suo favore c'è da ascrivere l'accordo fatto con la potenza nazista di non aggressione ma che Hitler violò appena due anni dopo con l'invasione sovietica. Dopo iniziali sconfitte riportate sul campo di guerra, seppe riorganizzare l'Armata Rossa portandola alla vittoria finale, liberando l'Europa Occidentale dall'occupazione nazista e determinando la sconfitta totale del *Führer* culminata con il suicidio di Hitler. Fece dell'URSS una grande potenza mondiale e divenne il capo indiscusso del comunismo internazionale. Oggi gli storici sono tutti concordi nel condannare i suoi spietati metodi di governo.

L'uomo comune si chiede se era proprio necessario far morire due milioni di cittadini per attuare un programma di miglioramento della propria Patria. Si crede proprio di no. I suoi meriti per aver liberato la propria Nazione dal nazismo si annullano a confronto con la ferocia usata contro il suo stesso popolo in tempo di pace.

Pol Pot, dittatore della Cambogia, chiamato il macellaio, è considerato uno dei peggiori assassini del XX secolo. Capo dei guerriglieri comunisti della Cambogia, i *Khmer Rossi*, fu il responsabile del massacro di circa un milione e mezzo di persone, su una popolazione di sei milioni, compresi bambini, donne e anziani, a cui vanno aggiunti centinaia di migliaia di morti a causa del lavoro forzato, della malnutrizione e della scarsa assistenza medica.

Fece deportare tutti gli abitanti, anche gli ammalati, dalle città nelle campagne, perché la città, a suo dire, è simbolo di corruzione, mentre la campagna rappresenta il solo luogo dove educare la popolazione.

Il 33% della popolazione perse la vita tra il 1975 e il 1979, quando la sua feroce dittatura fu rovesciata dal vicino stato del Vietnam.

Saddam Hussein, leader assoluto in Iraq dal 1979 al 2003, quando venne destituito da forze congiunte anglo-americane durante la seconda guerra del Golfo.

In dieci anni di guerra contro l'Iran e – con le sue feroci rappresaglie – contro i suoi stessi cittadini ha provocato la morte di oltre 2 milioni di esseri umani.

Stanato dal suo bunker sotterraneo, è stato giustiziato per impiccagione il 30 dicembre 2006 per crimini contro l'umanità.

Osama bin Laden, membro di una famiglia miliardaria saudita, è stato un terrorista fondamentalista islamico sunnita (l'Islam è diviso fra sunniti e sciiti, ma questi ultimi costituiscono solo una minoranza).

Nel 1979 si unì alle forze dei *mujaheddin* in Pakistan contro i sovietici in Afghanistan.

Fondatore e leader della nota organizzazione *Al-Qaida*, promotrice della *jihad* (la lotta armata per l'Islam), fondata nel 1988, che ha procurato un'infinità di morti (3.000 nel solo attentato alle torri gemelle a New York) e distruzioni con vittime di massa.

È responsabile degli attentati dell'11 settembre contro gli Stati Uniti.

L'F.B.I. mise sulla sua testa una taglia di 25 milioni di dollari.

Riuscì a rimanere in latitanza durante tre amministrazioni presidenziali, finché il 2 Maggio 2011 venne ucciso in un conflitto a fuoco in Pakistan durante una operazione ordinata e diretta dal presidente Barack Obama.

Dopo la sua morte il suo corpo venne sepolto in mare.

Mu'ammar Gheddafi, militare e politico libico, per 42 anni è stato il comandante della rivoluzione araba. Nel 1969 fece deporre re Idris e il suo successore Hasan, instaurando una dittatura militare ispirata all'incontro tra Islam, socialismo e capitalismo. Fu deposto e ucciso dai ribelli il 20 ottobre 2011.

Nicolae Ceauşescu, in Romania, assieme alla sua perfida moglie, Elena, ridusse alla povertà e alla fame un intero popolo, mentre lui e la sua famiglia vivevano in lussuosi palazzi e mangiavano in piatti d'oro. Fu ucciso per fucilazione, assieme alla moglie, il 25 dicembre 1989, dopo essere stato processato e condannato a morte da un tribunale militare rumeno.

Jorge Videla, dittatore argentino, salito al potere dopo aver deposto Isabella Peron.
Capo della giunta militare dal 1976 al 1981, fu colpevole di aver fato sparire 30.000 suoi cittadini nemici politici (i *Desaparecidos*).
Processato ebbe una condanna a due ergastoli e 50 anni di carcere per crimini contro l'umanità.

Morì in prigione il 17 maggio 2013 all'età di 87 anni senza aver mostrato alcun pentimento per i suoi atroci crimini.

Considerazioni

Non devono mai più esistere dittatori su tutta la Terra. A governare i popoli, siano capi eletti liberamente dai cittadini, che dopo il mandato tornino ad essere comuni cittadini. E noi quanto siamo cretini e ridicoli allorché, conquistata una posizione di comando, dal bidello al professore di università, dall'impiegato al dirigente, la utilizziamo per prevaricare sugli altri e per umiliare chi non può difendersi. Il potere deve essere un servizio per aiutare gli altri e non per opprimere.

Ci crediamo spesso onnipotenti ed eterni, in realtà siamo una nullità.

Il razzismo

Il razzismo è una teoria pseudo-scientifica che sostiene la divisione degli uomini in "razze", distinte in superiori ed inferiori, con diverse capacità intellettive.

La scienza moderna ha smentito le teorie affermanti che la specie umana è costituita da un insieme di razze biologicamente differenti.

Ha, invece, dimostrato una omogeneità genetica originata da un piccolo numero di antenati che si sono evoluti circa centomila anni fa e che si sono mescolati lungo il corso della storia.

I sostenitori del razzismo affermano la superiorità della razza a cui loro stessi appartengono, giustificando così l'oppressione e lo sfruttamento delle altre razze.

Questa stessa teoria fu usata per giustificare il colonialismo, la schiavitù e lo sterminio nazista delle razze ritenute "inferiori".

Negli Stati Uniti d'America, per giustificare lo sterminio degli Indiani (circa cento milioni di morti, il più grande genocidio della storia dell'umanità) e per legalizzare la schiavitù dei neri si affermava che costoro non fossero esseri umani, rendendo, così, priva di valore ogni argomentazione umanitaria nei loro riguardi.

Adolf Hitler, nel suo manuale *La mia battaglia* cita l'efficienza dello sterminio degli indigeni d'America come esempio ben riuscito per la soluzione finale della razza ebraica, dei Rom e di altre categorie sociali.

Il razzismo è anche un atteggiamento di intolleranza verso persone diverse per aspetto fisico, colore della pelle, forma degli occhi, etnia, religione, cultura, sessualità, abitudini, accento dialettale.

Oggi, in Italia esiste una diffusa teoria che ipotizza l'esistenza di due razze, la eurasiatica (ariana e padana) e la eurafricana, contribuendo a determinare una discriminazione nei confronti dei meridionali: industrie ed infrastrutture vengono trascurate al Sud a favore di quelle del Nord.

Ad aggravare ancora la differenza, il partito politico Lega Nord pretende che il 75% delle tasse pagate dal Nord resti lì senza la distribuzione a livello nazionale.

Quindi il Nord deve diventare sempre più ricco e il Sud sempre più povero.

È questa solidarietà sociale? Credo proprio di no! L'Italia è una ed una deve restare politicamente, amministrativamente, culturalmente: lo dice la Costituzione italiana, che non può essere cambiata.

L'eccidio delle foibe

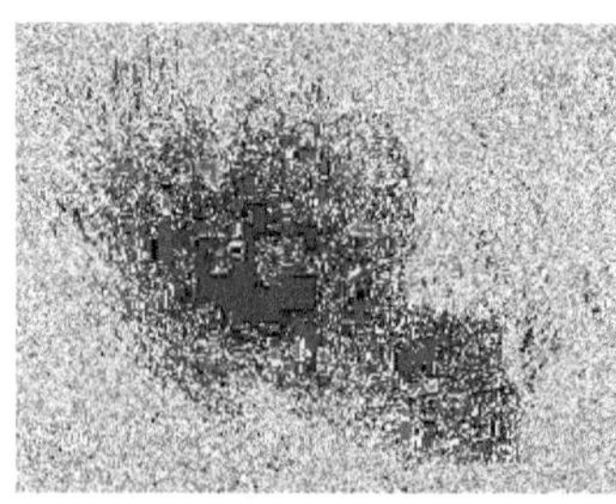

Con questo termine si intende una serie di massacri a danno della popolazione italiana della Venezia Giulia e della Dalmazia per motivi etnici e religiosi.

Si calcolano oltre diecimila vittime.

Sono stati una crudele risposta a precedenti azioni violente compiute dagli squadristi fascisti, che volevano risolvere con la violenza il problema slavo. Il regime fascista, salito al potere nel 1922, aveva esasperato le minoranze etniche proibendo persino l'uso della lingua straniera in pubblico, chiudendo le scuole slovene e croate, accrescendo l'odio verso gli Italiani. La polizia italiana catturò diversi elementi di società segrete, che un tribunale speciale condannò a morte. Nel 1941 con la resa dell'esercito jugoslavo, l'Italia proclamò l'annessione della Dalmazia settentrionale, dove fu instaurata una politica di italianizzazione forzata. Nel Paese si ebbe un'intensa attività di resistenza che durò anche dopo la guerra. Tutte le parti si macchiarono di numerose atrocità: veri crimini di guerra. Nel 1943 venne proclamata unilateralmente l'annessione dell'Istria alla Croazia.

I partigiani croati crearono dei tribunali speciali che emisero centinaia di condanne a morte a danno di Italiani.

I partigiani comunisti jugoslavi del generale Tito nel 1945 torturarono e uccisero a Trieste e nell'Istria almeno diecimila italiani, colpevoli solo di essere italiani o anticomunisti.

Le vittime, dopo la fucilazione, molte ancora vive, venivano gettate dentro voragini del terreno: appunto, le "foibe".

L'eccidio delle Fosse Ardeatine

Il 23 marzo 1944 i partigiani italiani piazzarono 18 chilogrammi di esplosivo ad alto potenziale su un carrettino per la spazzatura urbana in via Rasella a Roma. Al passaggio di un battaglione tedesco in assetto di guerra fecero esplodere la bomba e lanciarono anche alcune bombe a mano: rimasero uccisi 32 soldati tedeschi.

Nell'occasione morirono anche due civili italiani, di cui uno tredicenne.

Il comandante tedesco Kappler ordinò che per ogni soldato morto dovevano essere uccisi dieci Italiani.

Duecento furono rastrellati nelle strade e nelle case vicine, senza risparmiare donne e bambini, gli altri, per raggiungere il numero, furono prelevati tra i detenuti del carcere di *Regina Cœli*.

Inizialmente furono 320, ma in seguito alla morte di un altro soldato furono aggiunti altri 10 Italiani; poi, per fanatismo o per errore, divennero 335, cioè 5 in più.

Inoltre furono aggiunte altre 15 persone nell'elenco che i tedeschi uccisero ugualmente per evitare che, se lasciate libere, potessero raccontare quanto visto.

Solo dopo 23 ore dall'attentato iniziò il massacro. Le vittime, costrette ad inginocchiarsi, furono finite con un colpo di pistola alla nuca.

Quindi i tedeschi fecero scempio dei cadaveri e – successivamente, con le mine – fecero crollare il tetto delle cave nel vano tentativo di occultare quella nefandezza.

L'eccidio delle Fosse Ardeatine è considerato l'evento simbolo della ferocia nazista contro inermi cittadini, eseguito contravvenendo ad ogni convenzione internazionale di guerra.

L'Olocausto

Con la parola Olocausto, chiamato anche "Shoah", cioè "distruzione", si indica lo sterminio nazista di 6 milioni di ebrei dal 1933 al 1945. Il 70% degli ebrei d'Europa fu annientato con un'operazione che non trova altri esempi nella storia dell'umanità.

Vittime dell'olocausto (che vuol dire "bruciato interamente"), oltre agli ebrei, furono coloro che la dottrina nazista di Adolf Hitler riteneva "indesiderabili", perché considerati inferiori, quali Rom e Sinti (i cosiddetti zingari), Testimoni di Geova, Pentecostali, portatori di handicap, omosessuali, comunisti, malati di mente, prigionieri di guerra russi, slavi e polacchi. La persecuzione contro gli omosessuali si limitò ai soli tedeschi, perché impedivano la crescita numerica del popolo ariano; non si interessò dei maschi di altri popoli ritenuti inferiori, tentando così di "curare" solo i maschi della propria nazione.

Complessivamente le vittime si stimarono in 18 milioni, di cui 14 milioni civili e 4 milioni prigionieri di guerra. Solo nei campi di sterminio in Polonia furono deportati e uccisi circa 3 milioni di ebrei.

Adolf Hitler, nel suo libro *Mein Kampf* espose la sua dottrina antisemita, distinguendo la razza "ariana" dalla "non ariana".

Leggi naziste del 1938 proibivano agli ebrei alcune professioni, quali l'avvocatura, la medicina, il commercio all'ingrosso, e imposero agli ebrei di vendere le loro attività industriali, gli immobili, le terre ed altri beni immobiliari. Dopo l'espulsione di tutti gli ebrei dalla vita economica, nel 1939 si cercò una soluzione al problema ebraico con una politica di emigrazione forzata in Palestina, in modo che la Germania divenisse libera da ebrei. Dopo lo scoppio della seconda guerra mondiale e l'occupazione nazista della Polonia, circa 2 milioni di ebrei si trovarono nei territori caduti sotto il dominio nazista. Le SS in Polonia individuarono e soppressero tutti i potenziali oppositori politici o intellettuali (circa 39.000) e gli ebrei (circa 7.000). Si cercò di relegare tutti gli ebrei nei "ghetti": tristemente famosi quelli di Varsavia con 400.000 persone e quello di Lódz con 200.000, dove fame (venivano somministrate solo 250 calorie al giorno) e malattie provocarono tassi di morte altissimi. Nel 1940, come soluzione finale al problema ebraico, si parlò della costituzione di una tribù ebraica in Madagascar, di deportazioni e della germanizzazione delle terre dell'est, dove trasportare gli ebrei, circa 6 milioni. A partire dal luglio 1941 si iniziò una sistematica eliminazione di ebrei nei paesi dell'est e ne fu ordinata l'eliminazione totale, comprese donne e bambini.

Le vittime, condotte sul luogo del massacro, venivano costrette a scavare le loro stesse fosse e quindi, fatte distendere sul fondo, venivano fucilate. Successivamente altre si facevano distendere sui cadaveri (il cosiddetto "sistema delle sardine"), e a loro volta fucilate e così via, fino a che la fossa non risultasse piena. Quando, nel 1944, i tedeschi si ritirarono dai territori sovietici occupati, oltre 2 milioni di ebrei erano stati uccisi. Nel campo di sterminio di Auschwitz vi furono oltre 1.600.000 internati, di cui 1.100.000 ebrei: 900.000 morirono nelle camere a gas e tra questi 220.000 erano bambini e adolescenti.

Quando i tedeschi capirono che le sorti della guerra stavano volgendo a loro svantaggio, per non lasciare tracce e occultare il genocidio di massa, ordinarono la riesumazione dei cadaveri per poi bruciarli e la distruzione dei campi di sterminio. Alcuni vennero rasi al suolo, per altri non fecero in tempo. L'Armata Rossa poté trovare la prova delle orrende stragi quando, nel luglio del 1944, entrò nel campo di Majdanek, in Polonia, trovandolo ancora intatto. Alla fine dell'anno Himmler ordinò la distruzione del campo di Auschwitz senza riuscirci.

L'Armata Rossa il 27 gennaio 1945 liberò il campo trovando 2.819 prigionieri vivi e oltre 1.200.000 abiti. Il generale giustificò il genocidio come misura preventiva contro gli ebrei e definì i forni crematoi "misure sanitarie", i lager "campi di educazione". Che bastardo!

In Italia nel 1943 il governo fascista ordinò per i 44.000 ebrei presenti nel territorio l'internamento nei campi di concentramento appositamente predisposti (il solo ghetto di Roma ospitò 1.259 persone). Subito dopo i tedeschi chiesero la consegna di 8.000 ebrei per la deportazione ad Auschwitz: vi furono solo 820 sopravvissuti.

Il genocidio del popolo ebraico dovette apparire mostruoso anche agli occhi dello stesso Hitler, tanto è vero che egli non diramò alcuna direttiva in tal senso: parlò solo di dover eliminare gli ebrei, ma nulla scrisse sulla soluzione finale. Oggi, alcuni movimenti di estrema destra hanno cercato di mettere in dubbio la veridicità dell'Olocausto, negando la volontà genocida tedesca, il numero reale delle vittime dello sterminio ebraico, ritenuto esagerato, l'esistenza stessa delle camere a gas, contro ogni palese prova fotografica e diretta testimonianza. È evidente che le loro posizioni sono prevenute, minoritarie e niente affatto neutrali. Negano perfino il manoscritto del *Diario* di Anna Frank, definendolo un falso, nonostante le approfondite perizie chimico-fisiche e calligrafiche.

Questa ragazzina ebrea tedesca morì nel 1945 ed il padre, dopo la morte ne pubblicò il diario, che rappresenta una straordinaria testimonianza delle crudeli e sanguinarie persecuzioni naziste.

Il 27 gennaio viene commemorato in tutto il mondo come il "Giorno della Memoria", in ricordo dell'Olocausto.

Le mine antiuomo

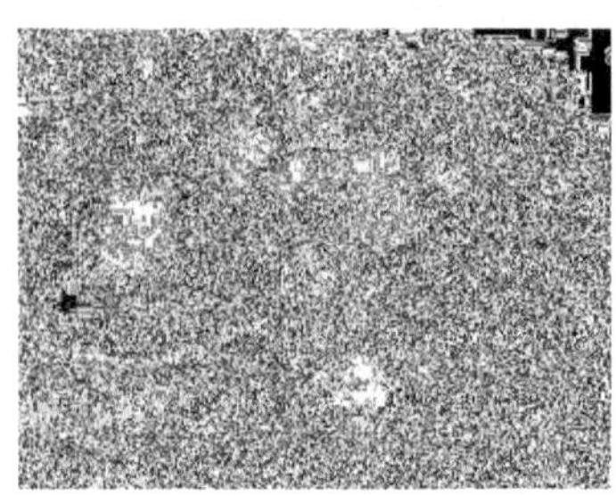

La mina è un ordigno militare che viene posizionato sul terreno o al di sotto di esso, per esplodere quando qualcuno o qualcosa vi passa sopra.

Durante la prima guerra mondiale quasi tutti gli eserciti usarono, in grandi quantità, ordigni esplosivi terrestri. Le mine antiuomo sono costruite per detonare alla pressione del piede di chi vi passa sopra o se toccate, in modo da rendere pericoloso anche il loro disinnesco. Il materiale con cui sono costruite è per la maggior parte la plastica, in modo da non essere rilevate dal metal detector. Questo genere di mine è stato soggetto a forti critiche dal punto di vista etico, perché colpiscono anche la popolazione civile e perché possono colpire ancora a conflitto finito.

In Cambogia oltre 35.000 persone hanno subito mutilazioni o sono morte a causa di questi ordigni anche molto tempo dopo la fine della guerra. Lo sminamento, costosissimo, richiede tempi molto lunghi.

Il terreno minato non può essere coltivato, né utilizzato. Solo nel 2011 le mine antiuomo hanno causato 5.197 morti, di cui 1.500 bambini.

Da ricordare, tristemente, anche le "mine farfalla", usate dai sovietici in Afganistan, somiglianti a giocattoli: esplodevano nelle mani dei bambini, che le raccoglievano per giocare, causando mutilazioni delle mani e delle braccia, cecità, sfigurandone il viso.

Un altro genere di mina simile a quella antiuomo è detta "a frammentazione". Essa esplode in aria prima di toccare il suolo, producendo migliaia di schegge. Questo tipo di bomba non è stata inclusa in nessun trattato, quindi non esiste alcun divieto di produzione, commercializzazione o uso.

I vari sforzi profusi da parte dei sostenitori della immoralità delle mine antiuomo hanno fatto sì che oggi la maggior parte degli Stati (fino al 2000 erano 133, esclusi USA, Russia, Cina e India), abbiano messo al bando la loro costruzione (convenzione di Ottawa del 1997).

Non si riesce a capire come mai il presidente americano Barak Obama, pur avendo meritato il Premio Nobel per la Pace, non abbia firmato il trattato internazionale che vieta la costruzione, la vendita e l'uso delle mine antiuomo. Il trattato prevede anche la distruzione dello stock di mine possedute e la bonifica delle aree minate.

Le guerre nel mondo

All'uomo distratto sembra che tutto il mondo sia in pace, mentre la realtà non è così. Alla fine del 2012 ben 60 Stati nel mondo erano coinvolti in guerre e ben 382 in atti di guerriglia e di lotta per il separatismo.

Le statistiche relative a quest'ultimo periodo storico registrano dati impressionanti.

In Africa ci sono state guerre con moltissimi morti: Sudan (300.000), Uganda (100.000), Algeria(200.000), Somalia (13.000), Nigeria (15.000), R.D. del Congo (6.000), Repubblica Centrafricana (2.000), Etiopia (4.000), Ciad (2.000), e inoltre Darfur, Angola, Libia, Mali, Ruanda, Costa d'Avorio, Eritrea, Kenya, Gibuti, Egitto, Libia, Senegal.

In Asia i punti caldi sono stati: Pakistan (380.000), India (140.000), Filippine (120.000), Afganistan (70.000), Birmania (30.000), Thailandia (4.200), Coree (200), Indonesia, Nepal, Sri Lanka.

In Medio Oriente: Iraq (140.000), Turchia (45.000), Yemen (16.500), Israele (7.100), Siria (non c'è ancora una stima).
Nelle Americhe troviamo: Colombia (300.000) e Messico (44.000).
Si segnalano azioni terroristiche in Ecuador, Messico, Perù, Colombia.
Anche in Europa assistiamo a guerre in Cecenia e ad azioni terroristiche in Georgia, Grecia, Irlanda del Nord, Russia, Spagna.
Come si può constatare non c'è pace nel mondo. Moltissimi Stati sono coinvolti in vere e proprie guerre, mentre altre sono soggette ad azioni terroristiche che ogni anno producono migliaia di morti e feriti.

La fame nel mondo

È un fenomeno dovuto alla mancanza di cibo fra le popolazioni, a causa di avversità atmosferiche, siccità prolungate, inadeguati mezzi agricoli, continue guerre fratricide. Secondo l'Organizzazione per l'Alimentazione e l'Agricoltura delle Nazioni Unite circa due miliardi di persone nel mondo, di cui l'80% solo in Africa, soffrono la fame e quindi sono malnutrite. Nel mondo occidentale vengono consumate in media 5.000 calorie al giorno, nei Paesi poveri solo 2300.
È necessaria una più equa distribuzione delle risorse alimentari ed un aumento delle capacità produttive. Per estirpare la fame nel mondo è necessario eliminare le principali cause che la determinano, cioè guerre e conflitti interni. C'è inoltre da ricordare che più di un miliardo di persone nel mondo non ha accesso all'acqua potabile. Oltre 30 milioni di bambini non vengono vaccinati e di questi 11 milioni muoiono. Ogni anno 44 milioni di donne non hanno alcuna assistenza durante la gravidanza e il parto; 600.000 puerpere e 5 milioni di neonati muoiono durante il parto o subito dopo.
La situazione è disastrosa: tutti dobbiamo collaborare per assicurare ad ogni essere umano cibo, cure, lavoro e dignità.

La pace

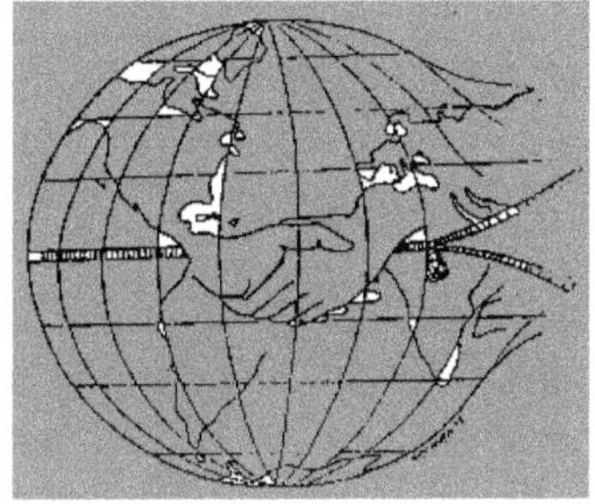

Pace vuol dire assenza di conflitti o tensioni ed è caratterizzata da uno stato di armonia. La pace è un valore universale in grado di far superare a ciascuno conflitti con se stesso e con gli altri; essa ci aiuta ad abbattere ogni barriera sociale o religiosa.

I filosofi greci Eraclito, Platone ed Aristotele affermavano che la pace è la conseguenza naturale della guerra: "Se vuoi la pace, prepara la guerra". Per gli antichi romani pace voleva dire ridurre i popoli all'impotenza attraverso la distruzione delle loro città e la riduzione in schiavitù degli abitanti.

Oggi il concetto di pace ha subito un notevole cambiamento: il Pontefice Pio XII affermava che tutto è perduto con la guerra, niente è perduto con la pace". Secondo la religione cristiana, la pace è un dono offerto da Dio agli uomini da conservare con cura. Per l'Islam, il Corano descrive la via della pace: l'universo è presentato come modello di armonia e di pace. Allah aborrisce tutto ciò che è contro la pace. La guerra non è permessa nemmeno in caso di oppressione se il risultato è dubbioso.

Le varie religioni hanno il compito di instaurare una nuova cultura di pace che comprende tutte le credenze con eliminazione della povertà e della ricchezza, con l'istruzione di tutti, con la parità di diritti tra uomo e donna, con l'unicità di Dio, con la tolleranza, la solidarietà, la giustizia sociale e il rispetto per la vita.

Pace non vuol dire solo assenza di guerra, ma piuttosto è un perseguire la giustizia tra i popoli. Tra gli uomini illustri che si sono battuti per la pace, mi piace ricordarne alcuni come il filosofo tedesco Immanuel Kant, l'indiano Mahatma Gandhi, l'afroamericano Martin Luther King, John Fitzgerald Kennedy, Papa Giovanni Paolo II.

La Carta delle Nazioni Unite conferisce al Consiglio di Sicurezza il compito di mantenere la pace fra le Nazioni, ricorrendo anche ad azioni di forza internazionale, quando ciò si ritenga indispensabile.

L'uomo sbarcò veramente sulla Luna o è stato uno "scherzo"?

Tengo a precisare che con la tesi da me sostenuta su questo argomento non viene meno la mia stima verso una tra le più grandi nazioni della Terra. Gli Americani hanno contribuito, e contribuiscono ancor oggi, a mantenere la pace nel mondo: per la libertà dei popoli non hanno esitato a sacrificare centinaia di migliaia dei loro figli (si pensi che nella seconda guerra mondiale per liberare l'Europa dal nazismo ne morirono 280.000).

Fautore della tesi che sosterrò più avanti è lo scrittore americano Bill Kaysing che nel suo libro "We never went to moon" del 1976, di cui ha venduto 30.000 copie, sostenne che la falsificazione dell'allunaggio era giustificata dalla necessità di dimostrare all'Unione Sovietica la superiorità americana in campo tecnologico.

Con la missione Apollo 11, il 20 luglio 1969, mostrarono a tutto il mondo di aver portato l'uomo sulla Luna: gli astronauti Amstrong e Aldrin posero piede sul nostro satellite, issando la bandiera americana. Rappresentava il coronamento del sogno del presidente J.F. Kennedy che voleva vedere un uomo sulla Luna prima degli anni sessanta. Ma è proprio vero che gli americani andarono sulla Luna?

Da molti è stata messa in dubbio la veridicità del fatto. Sembra che l'uomo non sia mai sbarcato sulla Luna!

Quando Amstrong affermò di essere sceso sul satellite della Terra, in realtà posò il piede sulla sabbia di uno studio televisivo del Nevada.

Fino al 1967, tutti i tentativi di preparazione erano miseramente falliti. Le probabilità di successo erano dello 0,0017%.

Inspiegabilmente,due anni dopo, all'improvviso, si disse che si era pronti per la spedizione spaziale, in contraddizione ad ogni logica.

L'annuncio inorgoglì gli americani e meravigliò tutto il mondo.

Le argomentazioni portate per ritenere che l'uomo non sia stato mai sulla Luna hanno irritato la NASA. In un sondaggio del 1970 in

America il 30% degli intervistati, mostrava già allora, molti sospetti sull'autenticità delle notizie.

Certo è stato deludente che il fatto più eclatante della nostra storia sia stato un falso che ha ingannato il 70% dell'umanità.

Ci domandiamo come potevano essere così nitide le immagini fotografiche provenienti dalla Luna? Non esisteva il digitale ancora, ma solamente le pellicole di celluloide. Una pellicola fotografica, essendo molto sensibile alla luce e al calore, si sarebbe facilmente rovinata creando un disastroso effetto di sgranatura, per cui le immagini sarebbero risultate con un effetto mosaico. Nulla di tutto questo è avvenuto . Le immagini erano troppo perfette dal punto di vista tecnico.

I motori accesi dall'astronave avrebbero dovuto sollevare, sia in fase di allunaggio che di ripartenza, un immenso polverone di sabbia. Invece non si sollevò nemmeno un granellino di polvere.

E le stelle sullo sfondo, dov'erano? La visione delle stelle dalla Luna è molto più chiara che dalla Terra, per la minore stratificazione atmosferica. Non si è vista nemmeno una stella, ma solo uno sfondo nero.

Le ombre che si vedevano non erano parallele: sembravano effetto di due sorgenti di luce. Ma il sole è uno solo.

L'errore più madornale compiuto dal regista (era stato infatti incaricato il famoso regista americano, Stanley Kubrick, a dirigere tutte le trasmissioni) è stato quello di aver mostrato lo sventolio della bandiera americana sulla Luna. Ma sulla Luna non c'è vento e quindi la bandiera non poteva sventolare (forse qualche incauta accensione di qualche condizionatore aveva prodotto uno spostamento d'aria in modo da provocare lo sventolio).

Quindi si può, scientificamente, affermare che lo sbarco sulla Luna è stata una messa in scena e non ci sia stato nessun allunaggio.

Tutto si è svolto su un set cinematografico e non sulla Luna.

È stato il più grande bluff di tutti i tempi, perché ha coinvolto miliardi di uomini: nessuno scherzo era riuscito a fare tanto.

Se il regista non avesse commesso quei madornali errori, l'imbroglio avrebbe funzionato meglio. Ma anche così c'è da fare i complimenti a chi ha diretto le operazioni di questo "scherzo" mondiale

I preti cattolici non possono sposarsi

Il celibato per i preti è una legge della Chiesa di Roma e i giovani che diventano sacerdoti lo sanno ed accettano tale impegno. Gli Apostoli erano tutti sposati ad eccezione di Giovanni. L'obbligo del celibato è in vigore a partire da IV secolo. Il prete non dovrebbe essere considerato uno scapolo, perché è sposato con la Chiesa. Se al prete fosse possibile sposarsi, dovrebbe occuparsi della moglie, dei problemi della famiglia, dei bambini e della loro educazione, lasciando meno tempo alla preghiera e alla cura delle anime a lui affidate.

Affermare che dare ai preti la possibilità di sposarsi eliminerebbe o ridurrebbe il fenomeno della pedofilia è falso. Ne è prova che i preti che possono sposarsi (gli ortodossi e i protestanti) non sono esenti dal praticare abusi sessuali. La pedofilia si consuma, nella maggioranza dei casi, tra le mura domestiche, in famiglia. Quindi il celibato non è la causa scatenante.

Le religioni nel mondo

Le maggiori religioni nel mondo sono:

Il cristianesimo

È la religione che conta il maggior numero di aderenti: 2 miliardi e 100milioni. Ha avuto origine 2000 anni fa e rappresenta il 33% di tutti gli uomini, cioè uno su tre degli abitanti della Terra è cristiano, seguace della dottrina di Gesù Cristo.

La Bibbia è il testo sacro da cui attingere la verità rivelata da Dio. Il cristiano riconosce un solo Dio, che è uno e trino: Dio Padre, Dio Figlio Gesù Cristo e Dio Spirito Santo. Opera attraverso la Chiesa che è composta dal clero il cui capo è il Papa, vescovo di Roma, e da tutti i fedeli. Il paradiso è il luogo dove, dopo la morte, andranno le anime dei buoni, il purgatorio un luogo provvisorio di purificazione per chi non ha colpe gravi e l'inferno è il luogo di sofferenze per chi ha commesso gravi peccati, di cui non si è pentito.

L'islam

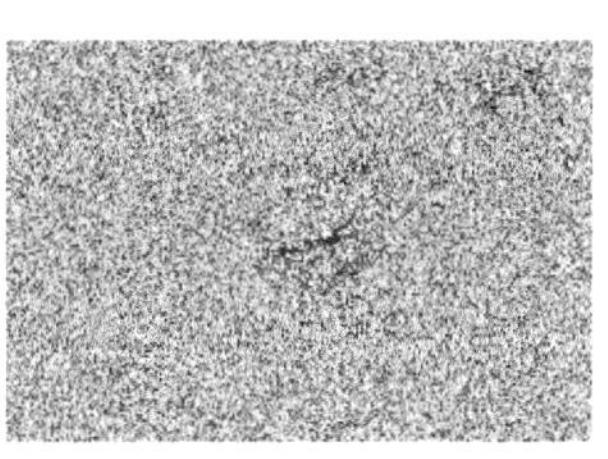

Conta 1 miliardo e 500 milioni di aderenti, di cui 1,4 miliardi sunniti. Ha avuto origine nel 610 d.C. e rappresenta il 21% della popolazione mondiale. L'unico messaggio di Allah è contenuto nel Corano, e Maometto è il Profeta ispirato da Dio. La tradizione (la sunnah) del Profeta è vincolante per ogni fedele. Quello che conta non è l'individuo, ma la comunità: il bene comune è prevalente sul bene individuale. Se un musulmano abbandona la propria religione per convertirsi ad un'altra perde i suoi diritti ed è passibile di morte per tradimento. Nei Paesi islamici i cristiani vengono considerati infedeli e cittadini di seconda categoria, le donne vengono discriminate di fronte agli uomini nel diritto ereditario, processuale e matrimoniale, avendo il loro fondamento nel Corano.

L'ebraismo o giudaismo

Conta 15 milioni di aderenti ed è nato nel 587 a.C. È una religione monoteista ed è presente in tutto il mondo a seguito della dispersione (diaspora) degli ebrei incominciata all'epoca dell'impero romano. Ogni ebreo è tenuto a osservare i precetti, in totale 613, fra cui la circoncisione, la celebrazione del sabato e l'osservanza dei divieti alimentari. L'odierno ebraismo, detto rabbinico, è l'evoluzione della religione biblica, frutto dell'alleanza tra Dio e il popolo ebraico. Abramo rappresenta per i fedeli un comune patriarca alla religione ebraica, cristiana e islamica. Gli ebrei credono che il Messia debba ancora venire, non riconoscendo a Gesù Cristo questo titolo.

Oggi però molti ebrei, sotto la spinta dei movimenti di secolarizzazione, hanno abbandonato la pratica dei riti originari, considerando l'ebraismo soltanto un patrimonio intellettuale e culturale.

L'induismo

Conta 1 miliardo di aderenti ed è nato 3500 anni fa. Rappresenta il 14% di tutti i credenti. Il fulcro del pensiero induista è basato sul concetto di Karma (cioè le azioni che possono essere buone o cattive, incarnazione dopo incarnazione, condurranno al congiungimento con l'Essere Supremo) e di Dharma (il dovere, la virtù, le leggi che regolano la società, le caste, i rapporti di ogni individuo con gli altri).

Quando si raggiunge la saggezza si ritorna all'Assoluto per non fare più ritorno nel mondo.

Il buddhismo

Conta 576 milioni di aderenti ed è nato 2600 anni fa.

Esso rappresenta il 6% della popolazione mondiale.

Consiste in un insieme di tradizioni, pensieri, pratiche spirituali.

Si è diffuso nel VI sec. a.C. in India, successivamente in Estremo Oriente e nel XX secolo anche in Occidente.

In Italia è la terza religione per diffusione, dopo il Cristianesimo e l'Islam.

Conta circa 75.000 credenti e 44 centri tra cui alcuni fra i più noti si trovano a Roma, a Milano, a Scaramuccia e a Pomaia.

È stato riconosciuto come Ente religioso nel 1991.

Il sikhismo

Nato in India settentrionale nel XV sec., è basto sull'insegnamento di dieci guru: Nanak Dev, Angad Dev, Amar Das, Ram Das, Arjun Dev, Hargobind Sahib, Har Rae Sahib, Harkrishan Sahib, Tegh Bahaddar, Gobind Singh.

I fedeli credono e pregano un Creatore onnipotente, che si manifesta attraverso il Creato e che è raggiungibile con la preghiera e l'aiuto del guru.

Il libro sacro è l'Akhand Panth.

Una fra le finalità principali di questa religione (in cui non esiste un clero) è l'aspirazione all'uguaglianza sociale.

Il bahaismo

Nato nel XIX sec. in Iran, conta 7 milioni di fedeli sparsi in tutto il mondo.

Riconosce quali profeti Adamo, Abramo, Mosè, Zoroastro, Krishina, Buddha, Gesù e Maometto.

Il libro sacro, redatto nel 1873, è il *Kitab al-akdas* ("Libro della certezza").

La Rivelazione Divina è considerata un processo continuo e ininterrotto, e tutte le religioni, pur avendo origine divina, sono sfaccettature di un'unica verità.

Il bahaismo tende all'instaurazione di un'unica comunità mondiale e auspica che tutte le religioni siano unite senza distinzione di razza, di lingua e di sesso.

Riconosce la piena parità di diritti e di doveri tra uomo e donna.

Mira all'eliminazione degli estremi di povertà e di ricchezza.

Promuove la partecipazione degli operai agli utili dell'azienda.

Suggerisce l'uso di una sola lingua ausiliaria universale e una moneta unica mondiale.

Il confucianesimo

Fondato da Confucio 2500 anni fa, è una delle maggiori tradizioni filosofiche morali e politiche della Cina.

Non tratta questioni soprannaturali che trascendono l'esperienza umana.

Il dettato di Confucio riguardava semplicemente i rapporti fra l'uomo, la natura ed i suoi simili. Famoso è il detto "è meglio tacere e dare l'impressione di essere stupidi, piuttosto che parlare e togliere questo dubbio".

Il giainismo

È un'antica religione nata 2500 anni fa in India ed ha 10 milioni di fedeli.

È una filosofia che non riconosce divinità ed indica la via alla perfezione umana sulla base della nonviolenza. Insegna che tutti gli esseri viventi, dal moscerino all'uomo, hanno un'anima eterna e indipendente.

Perfino l'acqua viene filtrata al fine di non ingerire, involontariamente, piccoli organismi. È fatto divieto di mangiare, bere e viaggiare dopo il tramonto.

Lo shintoismo

Conta 100 milioni di aderenti ed è nato 2300 anni fa in Giappone. Adora i Kami, spiriti naturali. Gli antenati, gli eroi sono oggetto di venerazione dopo la morte: l'imperatore e della dea Amaterasu, progenitrice della stirpe imperiale, sono al cen-

tro dell'ideologia shintoista. Molto simile al Buddhismo, è stato proclamato religione ufficiale del Giappone nel 1868 e i preti sono stati retribuiti ed incaricati dallo stato di istruire i giovani; ma con la fine della seconda guerra mondiale lo Shintoismo ha avuto fine e l'imperatore ha rinunciato al suo stato di divinità terrena.

Il taoismo

Conta 400 milioni di aderenti ed ha avuto origine 2200 anni fa.

Assieme al Buddhismo e al Confucianesimo è praticato in Cina e comprende guaritori, mistici, terapeuti, sciamani, alchimisti.

Sostiene che tutto avviene spontaneamente, senza un perché e che il vero motore di tutto è la natura.

Culti animistici africani

Contano 400 milioni di aderenti e includono un gran numero di culti africani tradizionali e religioni tribali. Questa religione primitiva attribuisce un'anima ad oggetti materiali e ad eventi fisici.

Atei, agnostici, liberi pensatori, irreligiosi,umanisti

Se ne contano circa un miliardo e rappresentano il 16% dell'umanità. Tutti sono espressione generica di irreligiosità, compresi nella categoria di non credenti.

Ateo, "senza Dio", è chi non crede in alcuna divinità, disapprova ogni credenza del trascendente e si comporta di conseguenza. I cosiddetti "cristiani senza fede" sostengono i valori cristiani pur non credendo nell'esistenza di Dio.

Gli "agnostici", invece, sono coloro che non si esprimono sull'esistenza o meno di Dio ritenendola inconoscibile.

Considerazioni.

Tutti affermano, arbitrariamente, che il loro sia il vero credo religioso, in realtà ogni religione è solo una espressione locale e temporale della vera Religione, cioè il bisogno che l'uomo ha di credere in un Essere Superiore, che si concretizza in vario modo a seconda del periodo storico e del sito geografico.

Un fondatore, dotato di eccezionali doti di comunicazione e di proselitismo, pone le basi e fissa le regole: nasce una nuova religione.

Tutte le religioni sono buone solo se sanno coesistere e rispettano chi non la pensa come loro e se concorrono al miglioramento dell'uomo.

Se una religione predica di odiare le altre, se trasmette disprezzo verso i seguaci di altre religioni, se impone ai suoi seguaci l'osservanza scrupolosa di tutti i suoi comandamenti, pena la morte, quella religione non è una buona religione, perché non concorre al bene dell'umanità, anzi procura grandi sofferenze. Nessuno mai più deve pensare o dire che la sua sia la vera religione, ma che la sua è la migliore e lo deve saper dimostrare in modo da essere convincente, perché, soprattutto, rispetta tutti, specie i bambini e le donne, dando loro pari dignità e pari diritti degli uomini adulti.

Non bisogna incutere negli altri paure infondate propagando l'idea che

- il Sole esploderebbe provocando la fine del mondo

Il Sole, così com'è oggi, è una stella nana gialla, ma quando avrà consumato tutto l'idrogeno, i gas di cui è composto si espanderanno, trasformandolo in una stella gigante rossa.

La sua grandezza sarà 100 volte quella attuale, e proporzionalmente crescerà il suo potere calorifico; la sua forza gravitazionale, cresciuta enormemente, inghiottirà tutti i pianeti del sistema solare.

Ma c'è da stare tranquilli perché tutto questo avverrà fra cinque miliardi di anni.

Sarà forse l'uomo a distruggere la terra prima con la bomba atomica o a sconvolgere gli equilibri della natura che risponderà con cataclismi di grandi proporzioni.

Lasciamo la spettacolarità di un certo "catastrofismo" alle sale cinematografiche, dove lo spettacolo non fa male a nessuno!

- il Vesuvio possa esplodere causando un immane disastro

Il Vesuvio è un vulcano situato nella provincia di Napoli ed è in quiescenza dal 1944.
È attentamente seguito dagli studiosi data la sua pericolosità, perché alle sue pendici abitano700.000 persone e dista solo una decina di chilometri dal capoluogo campano: un'eruzione sarebbe devastante. In epoca storica la più famosa è stata quella del 79 d.C., che distrusse Pompei, Ercolano e Stabia con una violenta attività esplosiva che provocò una grandissima colonna di ceneri, pomici e gas. Nel 1944 vi fu l'ultima eruzione: dal cratere si innalzarono fontane di lave fino a 800 metri e una pioggia di cenere bruciò vive 26 persone. Gli studiosi affermano che il riposo del Vesuvio potrebbe, non si sa quando, avere fine, ma la situazione è continuamente monitorata in attesa di segnali premonitori. Le zone disordinatamente urbanizzate costituiscono, per i vesuviani e per tutta l'Italia, un serio problema da risolvere. Ci auguriamo che il Vesuvio continui a "dormire" ancora per tanti altri secoli. La protezione civile, in collaborazione coi comuni interessati, mette in atto periodicamente delle esercitazioni per preparare la popolazione ad un'eventuale evacuazione. Nonostante gli incentivi della Regione la popolazione non vuole lasciare la sua terra, pur rischiando la vita in caso di un'esplosione improvvisa.

- la lava dell'Etna sia un pericolo per i siciliani

L'Etna (Mongibello o "a Muntagna" in dialetto locale) è il più alto vulcano attivo in Europa. Attualmente ha un'altezza di 3.350 metri sul livello del mare e ricade entro il territorio della provincia di Catania. Si pensa che al suo posto originariamente esistesse un golfo del mare Jonio e 600.000 anni fa incominciò un processo di costruzione con alternarsi di innalzamento in seguito ad eruzioni e di abbassamento dovuto ad eventi sismici e di erosione per l'azione continua dei venti e delle piogge. Circa 64.000 anni fa un collasso della superficie originò la Valle del Bove, larga 5 km. e profonda 1. Questa valle costituisce un immenso serbatoio dove si riversano milioni di metri cubi di lava, salvando dalla distruzione i territori coltivati e i centri urbani sottostanti.

L'Etna ha quattro crateri sommitali attivi: il cratere centrale, quello di Nord-Est (del 1911), la Bocca Nuova (1968) e quello di Sud-Est (1971). Le lave che emettono sono di tipo basaltico. I periodi di eruzione, con emissione di magma fluido all'origine, sono abbastanza ravvicinati e spesso durano anche diversi mesi (nel 1991 durò ben 473 giorni), alternati da periodi in cui emette dal suo pennacchio una gran quantità di fumo, ad altri con emissione di cenere che spesso arriva a cadere fino alla spiaggia, cambiando l'aspetto del paesaggio sottostante che resta coperto da una coltre nera di sabbia.

Ciononostante il vulcano Etna non rappresenta alcuna minaccia per l'incolumità degli abitanti siciliani, perché la lava avanza lentamente permettendo a tutti di mettersi in salvo nel caso in cui l'attività stromboliana si verifica (un caso su cento) con apertura di bocche al di sotto della Valle del Bove. Solo nel 1979 un'improvvisa espulsione di massi uccise nove imprudenti turisti e ne ferì una decina che si erano avventurati fino al cratere subito dopo un'apparente pausa del vulcano. Esclusa questa eccezione, il vulcano è stato distruttivo solo per le cose e non per le persone. Anzi l'Etna rappresenta un'attrazione unica per la spettacolarità delle eruzioni che arrivano fino a mille metri di altezza attirando migliaia di studiosi e turisti da tutto il mondo.

A differenza di altri vulcani, l'Etna è facilmente raggiungibile: fuoristrada portano i turisti in sicurezza fino alla sommità dei crateri.

Ancora c'è da dire che i detriti vulcanici rendono fertili i terreni circostanti, che diventano ottimi per le produzioni agricole, specialmente di agrumi come arance e limoni, famosi ed esportati in tutto il mondo. La neve che vi si deposita e poi si scioglie assicura acqua in abbondanza anche nel periodo estivo e anche durante eventuali annate di siccità (si pensi che l'acqua dalla sommità al mare, filtrando nel sotto suolo, impiega anche 15 anni).

L'edificio vulcanico, inoltre, offre un ottimo riparo dai venti freddi del nord e contribuisce a conservare un clima sempre mite.

Si può concludere che l'Etna non solo non costituisce alcun pericolo per la vita dei siciliani, ma è un gran bene perché rende fertili i terreni e alimenta il business del turismo. Allora i siciliani possono dire "forza Etna", ma in senso molto diverso da quello inteso da alcuni imbecilli che così hanno scritto sui muri di una città del Nord in occasione di un'eruzione che stava devastando alcuni terreni di povera gente.

- mangiare dolci faccia venire il diabete

Esistono due forme di diabete: uno di tipo genetico, che si manifesta nel caso in cui c'è qualcuno diabetico in famiglia, l'altro di tipo alimentare, causato dall'eccesso di zuccheri nel sangue, dovuto ad un'errata alimentazione troppo ricca di zuccheri.

Il primo tipo insorge da giovani ed è legato a carenti capacità di autoimmunità: per questo genere l'unico rimedio è l'insulina.

Il secondo insorge quando si diventa anziani.

La causa sono i recettori delle cellule che non lavorano più come dovrebbero, per una errata alimentazione e un'eccessiva assunzione di zucchero che viene smaltito facilmente in giovane età, ma non più in persone in età avanzata.

Il diabete è causato dal cattivo funzionamento del pancreas che non riesce più a produrre insulina, la quale permette l'assorbimento degli zuccheri presenti nel sangue.

Gli obesi sono più esposti a contrarre il diabete.

Una buona attività fisica riduce il rischio.

È anche utile sottoporsi a periodici esami per tenere sotto controllo la glicemia.

Si può, ragionevolmente concludere che i dolci in sé non producono il diabete, se assunti con moderazione, specie se si è in età avanzata.

Quindi, dolci sì... ma senza esagerare!

La prevenzione delle malattie

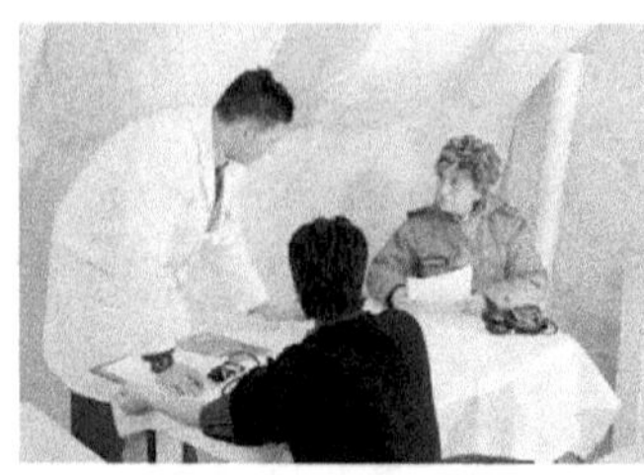

Oggi, purtroppo, la ricerca medica è rivolta solo alla cura delle malattie, e non dice abbastanza sulla prevenzione. Le medicine possono alleviare i sintomi, non evitare le malattie. Curare vuol dire risolvere i problemi di una malattia in atto, prevenire significa far in modo che la malattia non appaia. I medici dovrebbero educare a tenere uno stile di vita e un rapporto con l'ambiente in cui si vive, corretto. Quindi bisogna educare prima che visitare o prescrivere. Educare vuol dire dare le giuste informazioni su: alimentazione, attività fisica, riposo, sport, ambiente, comportamenti.

La prevenzione incomincia prima di venire al mondo. Una madre che, durante la gravidanza, fuma, beve alcoolici, si sottopone a stress da lavoro, indebolisce la futura salute del bambino. Il parto naturale è da preferire al cesareo. L'alimentazione migliore del bambino è l'allattamento al seno e non quella artificiale. Lo svezzamento deve avvenire nei tempi giusti, senza anticipi, né posticipi. Il bambino deve essere alimentato con cibi naturali sani, quali verdure e frutta fresca, cereali, latte, proteine vegetali (noci, mandorle, nocciole...); i cibi industriali devono essere banditi. Limitare il consumo di carne, pesce, formaggio e uova.

Bisogna lasciare il bambino libero di muoversi e giocare tutto il tempo che vuole. L'attenzione deve essere rivolta principalmente allo sviluppo fisico, più che mentale, evitando di far vivere al bambino gli stessi ritmi frenetici dell'adulto. Se il bambino è lento nel mangiare, bisogna assecondarlo, e non bisogna mai dire "sbrigati a mangiare, sei rimasto l'ultimo".

Durante l'adolescenza un'errata alimentazione porta brufoli, sovrappeso ed altri problemi. È necessaria un buona e sana alimentazione, dove ogni giorno non deve mancare frutta fresca, verdura, cereali integrali, proteine. Il giovane, inoltre, deve svolgere una buona attività fisica, perché la scuola, i compiti a casa, la televisione, il computer lo costringono ad una vita sedentaria, dannosa alla salute. L'attività fisica permette di eliminare le tossine, rafforzando tutto l'organismo. Praticare uno sport, non agonistico, è il modo migliore per mantenere un'ottima salute.

Si raccomanda, infine, una vita in un ambiente non inquinato da smog o da altri fattori atmosferici negativi. E poi, periodicamente, in salute, non devono mancare le cure odontoiatriche e le visite specialistiche per l'udito e la vista, le analisi al sangue e alle urine, la misurazione della pressione arteriosa e tutto quello che il medico di famiglia suggerirà, caso per caso.

È errato che il medico si debba cercare solo quando ci si ammala.

Il medico va consultato per capire qualche campanello d'allarme della nostra salute: non deve solo prescrivere medicine ma deve dare dei consigli per prevenire le malattie, perché *prevenire è meglio che curare*, dice un vecchio proverbio.

L'obesità

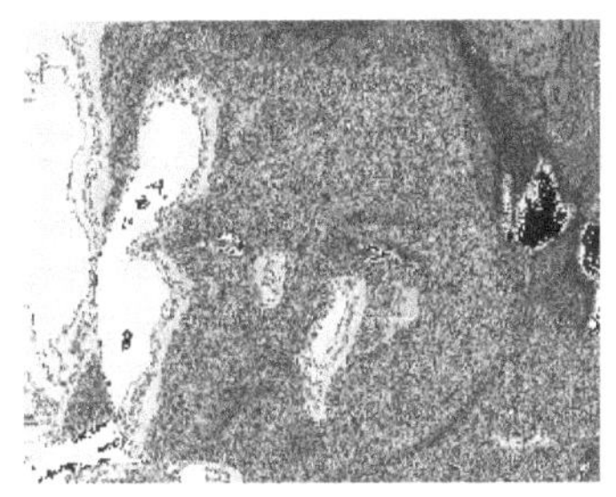

Un tempo, la grassezza era un sintomo di ricchezza e di benessere.

Gli individui dovevano avere una certa possanza fisica per percorrere lunghi percossi a piedi, sopportare periodi di carenza di cibo, abitare in case non riscaldate. La corpulenza emanava autorità e richiedeva rispetto.

Oggi ci vergogniamo se abbiamo qualche chilo in più. Quindi il concetto di bellezza si è rovesciato: non è più bello chi è grosso ma chi non lo è affatto.

È considerata obesa una persona che supera il 17% del suo peso forma. Si pensa che l'obesità sia solo la conseguenza di una mancata volontà di auto controllo nel cibo, mentre esistono altre cause scatenanti, come una separazione, un lutto, e soprattutto una mancanza di fiducia in se stessi. Limitarsi a fare una dieta o a praticare esercizio fisico non è sufficiente a risolvere il problema in modo duraturo, perché è anche necessario acquistare fiducia nella propria capacità di poter superare i problemi dell'esistenza.

L'impotenza maschile

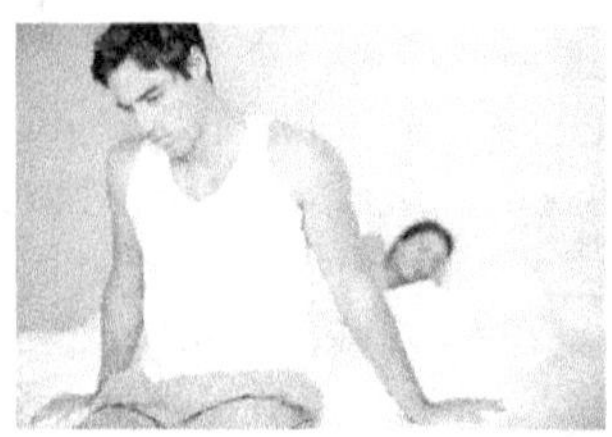

La disfunzione erettile è un disturbo più grave di quello che non sembri, perché chi ne è colpito cerca di nasconderlo anche al proprio medico. Il fenomeno generalmente si presenta in età avanzata, ma colpisce anche molti giovani.

Nell'individuo colpito, può generare ansia e soprattutto mancanza di stima in se stessi. Oggi esistono dei farmaci (Viagra, Cialis, Levitra) che aiutano a risolvere il problema, basta parlarne col proprio medico. Varie sono le cause che producono il disturbo: l'uso di tabacco, di alcolici, di droghe, di medicinali usati per curare la prostata; alcune malattie come il diabete, la pressione sanguigna alta, l'obesità, il testosterone basso.

Altre cause sono di natura psicologica: stress, depressione, eccessiva fatica (specie se mentale). Il problema oggi si può eliminare o almeno ridurre, basta osservare alcune norme: non si deve assolutamente fumare (il tabacco riduce il flusso sanguigno nelle vene e nelle arterie); bisogna sottoporsi a periodici esami del sangue e dell'urina per verificare la presenza di diabete o di livello basso di testosterone, tenere sotto controllo la pressione del sangue evitando che sia troppo alta o troppo bassa, ridurre l'uso di alcol ed evitare assolutamente l'assunzione di sostanze stupefacenti di qualsiasi genere.

L'omosessualità

In principio Dio creò l'uomo, maschio e femmina e disse loro di crescere e di moltiplicarsi.

Un maschio, fin da bambino, sente un'attrazione verso esseri di sesso opposto e lo stesso la donna verso l'uomo.

I due sessi si attraggono come i poli opposti di due calamite.

Spesso si assiste a scene di fidanzamento tra bambini in tenerissima età, con abbracci e anche bacetti. Questi "fidanzamenti" però sono destinati a durare poco: finiscono per un nonnulla.

Con l'avanzare dell'età quest'attrazione incomincia a farsi sentire sempre più forte.

Attorno agli 8-11 anni si arriva anche allo scambio di regali, del numero di telefonino e di qualche bacetto, volendo imitare i grandi.

Durante la pubertà il corpo dell'uomo comincia a produrre gli androgeni e quello femminile gli estrogeni, per cui l'attrazione diventa sempre più forte. Si incominciano ad avere le prime simpatie.

I ragazzi incominciano a classificare le ragazze belle e quelle meno belle.

Le ragazze iniziano ad apprezzare il coraggio, la spavalderia e anche il fascino maschile.

Si hanno i primi fidanzamenti. Però quasi tutte queste unioni sono destinate a dissolversi come neve al sole... Tuttavia hanno un grande valore, perché sono utili come prova generale per il fidanzamento dell'età adulta, che si concluderà col matrimonio e la nascita dei figli, permettendo così all'umanità di non scomparire dalla faccia della Terra.

Non sempre però le cose stanno così.

Ci sono ragazzi che sono affascinati non dalle ragazze ma da individui appartenenti allo stesso sesso. Un simile fenomeno accade anche per alcune ragazze a cui piace stare vicino, parlare, abbracciare altre ragazze e non gli uomini: si ha il fenomeno dell'omosessualità, che vuol dire "stesso sesso".

L'Islam in questi casi prevede la pena di morte.

Per la Chiesa Cattolica la coppia omosessuale può convivere ma non può fare sesso.

Il fenomeno dell'omosessualità è vecchio quanto il mondo.

Già nell'antica Grecia e nell'impero romano esistevano gli omosessuali.

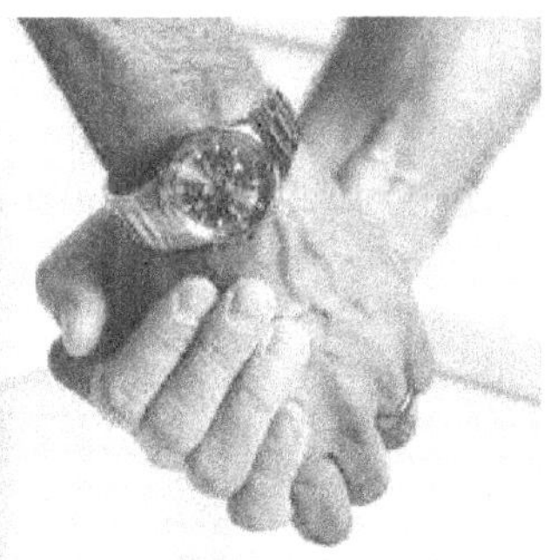

Essere diversi dalla maggioranza non vuol dire essere inferiori: si calcola che il 10% degli uomini e altrettanto delle donne sia "gay"(che in inglese vuol dire "allegro").

Tutti abbiamo il diritto di esistere e di condurre una vita secondo le nostre inclinazioni e scelte, anche le minoranze.

È una mia opinione del tutto personale affermare che gli uomini omosessuali sono di genere maschile solo per l'anagrafe, perché quando sono nati i genitori hanno visto gli attributi e li hanno registrati di genere maschile, ma in realtà psicologicamente erano donne.

Chiunque può apparire un uomo e poi essere sostanzialmente una donna, avere un corpo maschile e una psiche femminile.

Lo stesso dicasi per le donne che non sentono alcuna attrazione per gli uomini: esteriormente appaiono di genere femminile ma psicologicamente sono dei maschi. Il loro cuore batte più forte quando stanno vicino a un'altra donna e non provano alcuna emozione vicino a un uomo.

Molti Stati del mondo, uno dopo l'altro, stanno riconoscendo loro sempre maggiori diritti, legalizzando le loro unioni di fatto. I gay oggi richiedono leggi che riconoscano loro gli stessi diritti delle unioni cosiddette "regolari", quali l'assistenza medica, il diritto alla reversibilità della pensione e all'eredità.

Mai, a mio parere, la legge dovrebbe riconoscere loro il diritto alla adozione di un bambino.

La loro unione non costituisce una famiglia ma una "coppia"(a dire il vero, nel passato per coppia si è sempre inteso l'unione di un uomo e di una donna).

Una famiglia è composta da un padre, una madre e uno o più figli. Non può essere possibile, perché contro natura e contro ogni logica, che un bambino abbia due padri e nessuna madre oppure due madri e nessun padre.

Al bambino serve, per il suo bene, avere un padre e una madre. Diversamente non si assicura nessuna crescita equilibrata.

La ragione e il buon senso ci dicono che mai una "coppia" gay debba poter adottare un bambino.

Il disabile nella comunità

La disabilità consiste nella mancanza di capacità di compiere certe azioni da parte di alcuni individui in conseguenza di una minorazione fisica o psichica, congenita oppure sopravvenuta come conseguenza di un trauma.

Quest'ultima può essere permanente se dura per tutta la vita o provvisoria se avrà un tempo limitato, come una gravidanza, una gamba ingessata o una semplice slogatura.

La situazione di handicap si verifica a causa dell'ostacolo che mette in luce la disabilità.

Dal 1989 la normativa in materia di barriere architettoniche prescrive che non debbano più esistere impedimenti al facile uso di accessi, ascensori, porte, banconi dei supermercati, marciapiedi per tutti coloro che sono portatori di handicap motorio o sensoriale.

In tal senso il problema più comune è costituito da scale, gradini e porte a molla o girevoli.

I P.E.B.A. (Piani di Eliminazione delle Barriere Architettoniche) sono previsti fin dal 1992.

Purtroppo molti Comuni ancora non si sono adeguati alla normativa con conseguenze disastrose per i cittadini meno fortunati, impedendo loro la piena partecipazione alla vita sociale.

Bisogna distinguere tra i disabili un grosso numero (la quasi totalità) di "diversamente abili", che sono coloro che non hanno tutte le capacità, ma che ne conservano la maggior parte, addirittura potenziandole.

Per esempio il cieco in cambio della vista, che non possiede, ha una spiccata capacità uditiva, tattile e olfattiva.

La Natura in questi casi è generosa, perché compensa le abilità mancanti potenziandone altre.

In molti casi terapie e riabilitazioni possono fare molto per migliorare la capacità di vita delle persone disabili, ma purtroppo non sempre chi ne ha bisogno ha poi la possibilità economica di accedere a questo tipo di servizi che dovrebbe essere completamente gratuito per tutti.

Le onde radio emanate dalle antenne per cellulari non sono cancerogene

Per antenna si intende un dispositivo atto ad irradiare o ricevere onde elettromagnetiche, rendendo così possibile le comunicazioni a distanza senza fili (wireless). Esistono vari tipi di antenne: per le telecomunicazioni satellitari, per ponti radio, per la ricezione televisiva, per telefoni cellulari, per apparecchi radio, per cordless ecc.

L'opinione pubblica, per ignoranza dell'argomento, erroneamente, ritiene che le "antennine" per cellulari siano dannose alla salute o, addirittura, cancerogene. Certo lo stare vicino ad un'antennina non è lo stesso di andare a fare una passeggiata nei boschi. Studiosi hanno affermato che fa più male restare sotto un asciugacapelli per 5 minuti, che per due anni vicino a un'antenna. Un forno a microonde funziona ad 1 KW, mentre le stazioni radio per cellulari a 0.40 KW.

Studi recenti hanno sostenuto che l'ambiente naturale è già di per sé caratterizzato da un campo elettromagnetico naturale, al quale il nostro organismo si è perfettamente adattato. Quindi c'è da ritenere, a ragione, che le antenne fanno lo stesso danno che causano gli elettrodomestici: quasi nullo. In ogni caso non sono assolutamente causa di tumori. Se qualcuno vuole evitare ogni tipo di campo elettromagnetico non usi alcun televisore o forno a microonde o frigorifero o stufa elettrica o asciugacapelli o telefonino o lampada elettrica, oppure vada a vivere in una foresta dell'Amazzonia.

L'ecologia

La parola vuol dire "studio dell'ambiente" ed è la disciplina che fornisce una guida di comportamenti che l'uomo deve tenere nei confronti dell'ambiente (animali, piante, mondo inorganico).

L'ecologia studia le acque, il paesaggio, il comportamento dell'uomo nei centri urbani, i sistemi produttivi ecc.

Le centrali nucleari

In Italia, in seguito al risultato del referendum del 1987, è stata bloccata la realizzazione delle centrali nucleari già costruite (costate vari miliardi di lire) e pronte per essere avviate alla produzione, ma questo non ci mette al sicuro dalle conseguenze radioattive: infatti, a pochi chilometri dal nostro confine, in Francia e in Svizzera, esistono tali centrali; quindi il non avere centrali nucleari nel nostro territorio non ci esclude dal pericolo, perché, in caso di disastro nucleare, i venti trasportano gli elementi radioattivi anche molto lontano. Così al danno del dover comprare ad alto costo energia dai nostri confinanti, si aggiunge la beffa di subire le conseguenze in caso di disastro.

È preoccupante la pericolosità delle centrali nucleari in caso di eventi sismici. La precauzione di costruire centrali che possono sopportare terremoti con magnitudo 8,5 non ha salvato il Giappone dal disastro atomico dell'11 marzo 2011.

Gravi sono le conseguenze sulla salute: studi effettuati nel 2008 in Germania hanno dimostrato che è disastroso l'impatto sulla mortalità dei bambini colpiti da leucemia che vivono entro i 5 chilometri dal reattore, con un aumento della mortalità del 75% rispetto alle altre zone lontane da tali centrali.

I gas rilasciati dagli impianti, sotto forma di vapore acqueo, ricadendo a terra vengono assorbiti dai vegetali, dalla frutta, dalla carne e dal latte di cui ci nutriamo.

Inoltre si è rilevato, a livello mondiale, un aumento della disparità tra maschi e femmine dopo i test di esplosioni atomiche nell'atmosfera e nelle vicinanze di reattori. In caso di incidente le aree circostanti sono colpite in rapporto alla distanza: più vicine sono e maggiore è il pericolo. La nube radioattiva dopo il disastro di Cernobyl nel 1986 ha percorso tutta l'Europa, anche se ad essere evacuata è stata solo un'area di 30 Km. di diametro. Infine le scorie radioattive rimaste dopo la produzione, rimangono pericolose per milioni di anni.

Smantellare una centrale nucleare può richieder anche 16 anni.

L'abusivismo edilizio

La legge 47 del 1985 sul condono edilizio permise a molti italiani di mettere in regola parecchie costruzioni effettuate senza concessione edilizia. Per gli abusi non sanati, la legge prevedeva l'emanazione di un decreto di demolizione, regolarmente emesso da un giudice, ma spesso, per motivi di conoscenza col proprietario o altro, la sentenza non veniva eseguita. La gara per l'assegnazione della demolizione risultava deserta da parte delle ditte demolitrici. Così le opere abusive, nonostante il relativo decreto di demolizione, non venivano demolite. Nel solo comune di Messina, dal 2007 al 2009, dei 1.191 ordini di demolizione non ne è stato eseguito nemmeno uno. L'abusivismo spesso viola le più elementari norme di sicurezza, quali la non edificabilità su aree sopra le falde acquifere, in zone ad alto rischio sismico o di frane. In zone assolutamente inedificabili per la bellezza del paesaggio si sono, invece, costruiti i cosiddetti "ecomostri".

I pozzi petroliferi

In Italia abbiamo varie località dove avviene l'estrazione del petrolio, a terra e nel sottosuolo marino. La regione maggiore produttrice è la Basilicata (70%), seguita dall'Emilia Romagna, dal Lazio, dalla Lombardia, dal Molise, dal Piemonte e dalla Sicilia. Complessivamente estraggono 4,5 milioni di tonnellate di petrolio, pari al 6% del fabbisogno nazionale. Molti ci chiediamo se le dieci piattaforme petrolifere esistenti in Italia sono sicure. Pare proprio di no, tanto che il ministro per lo Sviluppo Economico ha sospeso altre nuove autorizzazioni alle trivellazioni e ha disposto urgenti e rigorosi controlli su quelle esistenti. Il nostro Mediterraneo, a causa dell'alto traffico di navi petroliere, è uno dei mari più inquinati.

Durante l'estrazione del greggio fuoriesce una gran quantità di gas che, per sicurezza, viene fatto bruciare nell'aria, con uno spreco enorme di risorse energetiche e con riflessi dannosi sull'ambiente.

Le organizzazioni internazionali

Gli scopi per cui sono nate sono molteplici, in particolare c'è da ricordare la promozione dello sviluppo e dell'istruzione, la salvaguardia dei diritti umani, la diffusione delle cure sanitarie, la protezione dell'ambiente, la soluzione pacifica dei conflitti, gli aiuti umanitari.

Eccone alcune delle centinaia esistenti al mondo.

L'O.N.U. (Organizzazione delle Nazioni Unite) è la più importante in campo internazionale e vi aderiscono 193 Stati del mondo su un totale di 202.

Nata il 26 giugno 1945 a San Francisco in America dopo la fine della seconda guerra mondiale, ha come scopo il conseguimento della sicurezza internazionale, del progresso socioculturale, dello sviluppo economico, dei diritti umani, delle relazioni amichevoli tra le Nazioni.

L'E.U. (Unione Europea) comprende oggi 27 Stati membri europei.

Le caratteristiche sono: un libero mercato comune, una moneta unica, l'euro, adottata da 17 su 27 membri, un'unione doganale che, secondo gli accordi di Schengen, permette a tutti i cittadini libertà di

muoversi, di lavorare e di investire, una comune politica in agricoltura, nel commercio e nella pesca.

Le sue competenze riguardano le politiche da seguire per la difesa, l'agricoltura, il commercio, la protezione dell'ambiente, le politiche economiche, gli affari monetari.

Gli organi principali sono: il Consiglio, la Commissione , il Parlamento, la Corte di Giustizia, la Banca Centrale Europea.

Gli europarlamentari vengono eletti a suffragio universale, durano in carica cinque anni e possono essere rieletti.

Il 12 ottobre 2012, per aver contribuito al mantenimento della pace e al riconoscimento dei diritti umani in Europa, è stata insignita con il Premio Nobel per la pace.

L'UNICEF (United Nations Children's Fund) è la principale organizzazione mondiale per i diritti dell'infanzia (nel mondo esistono oltre due miliardi di ragazzi sotto i 15 anni).

Ha sede a New York ed è stata fondata nel 1946 alla fine della seconda guerra mondiale per aiutare i bambini e le loro madri vittime della guerra.

Non è finanziata dall'ONU e le risorse provengono da donazioni di comuni cittadini, governi e associazioni.

Ha ricevuto il Premio Nobel per la pace nel 1965.

Il suo compito è assicurare protezione ai bambini in estrema povertà o che subiscono violenza o sfruttamento; inoltre far valere la parità di diritti per le donne e le bambine, diffondere le vaccinazioni e le cure a basso costo, lottare contro l'HIV o AIDS.

L'UNESCO (United Nations Educational Scientific and Cultural Organization) è stata fondata dalle Nazioni Unite nel 1945 per promuovere l'istruzione, la scienza, la cultura e la comunicazione fra le nazioni.

Il suo quartier generale è a Parigi.

Coordina e favorisce la cooperazione fra le nazioni per la conservazione del patrimonio naturale e culturale del pianeta, mantenendo una lista di monumenti, paesaggi, siti ritenuti di grande importanza per la comunità mondiale, definendoli "patrimonio dell'umanità".

La B.M. (Banca Mondiale) ha sede a Washington. Creata nel 1945 per sconfiggere la povertà dei Paesi in difficoltà, favorì la ricostruzione dell'Europa e del Giappone dopo la seconda guerra mondiale, finanziando autostrade e centrali elettriche.

successivamente si occupò dello sviluppo economico dei Paesi dell'Africa, dell'Asia e dell'America Latina.

Dal 1990 anche i Paesi ex comunisti hanno usufruito dei suoi aiuti.

L'Interpol (The International Criminal Police Organization) è un'efficiente organizzazione dedita alla cooperazione fra tutte le polizie nazionali per contrastare il crimine.

Ricerca chi ha commesso reati all'estero o vi si è rifugiato dopo il reato.

L'O.C.S.E. (Organizzazione per la Cooperazione e lo Sviluppo Economico), conta 34 Paesi membri ed ha sede a Parigi.

È un'assemblea consultiva per il confronto delle politiche locali e l'identificazione di politiche commerciali comuni.

Il C.O.N.I. (Comitato Olimpico Nazionale Italiano), fa parte del Comitato Olimpico Internazionale, massimo organismo sportivo mondiale, che è un'organizzazione non governativa creata da Pierre de Coubertin nel 1894 allo scopo di far rivivere la bellezza dei giochi olimpici dell'antica Grecia, tramite manifestazioni quadriennali.

Cura il potenziamento dello sport italiano e la preparazione dei nostri atleti.

L'O.P.E.C. (Organizzazione dei Paesi Esportatori di Petrolio), fondata nel 1960, ha sede a Vienna e comprende 12 Paesi.

L'associazione ha il compito di negoziare i prezzi e la produzione di petrolio con le compagnie petrolifere.

Il maggiore produttore al mondo di petrolio è l'Arabia Saudita e il maggior consumatore il Giappone.

Fulgidi esempi di aiuto al prossimo che onorano l'umanità

Gesù di Nazareth è stato il fondatore del Cristianesimo che lo riconosce come il Messia e come Dio fatto uomo. Anche la religione Islamica lo riconosce, ma solo quale profeta.

La sua attività di predicatore inizia solo negli ultimi anni della sua vita nella provincia romana della Giudea e si conclude dopo pochi anni con la morte in croce. La sua opera e la sua vita sono raccontate nei quattro vangeli di Matteo, Marco, Luca e Giovanni. Figlio di una vergine di nome Maria, focalizzò la sua predicazione sull'amore per il prossimo. Cresciuto in un ambiente dove imperava il comandamento "occhio per occhio e dente per dente", egli invece predicò "se qualcuno ti dà uno schiaffo, tu porgigli l'altra guancia"; impensabile per la civiltà d'allora, dove esisteva solo l'odio e la vendetta. Egli insegna che bisogna perdonare 77 volte 7, che per gli Ebrei voleva dire "sempre". Perdona la Samaritana prostituta e sfida la folla inferocita dicendo: "Chi è senza colpa, lanci la prima pietra". Riassume tutti i comandamenti in uno solo: "Ama il prossimo come te stesso".

Archimede di Siracusa, insigne matematico, ingegnere, fisico e inventore, è uno dei più grandi scienziati di tutti i tempi.

Si occupò di varie branche delle scienze: aritmetica, geometria, meccanica, ottica, idrostatica, astronomia e altro. Durante la seconda guerra punica realizzò macchine belliche che aiutarono la sua città a difendersi dall'attacco di Roma. Siracusa poteva schierare solo alcune migliaia di uomini contro la potente flotta romana: le macchine inventate da Archimede riuscirono a scagliare grossissimi massi e pezzi di ferro contro le sessanta navi nemiche. Un soldato romano, pur avendo avuto l'ordine di catturarlo vivo, lo uccise non avendolo riconosciuto. I Romani, riconoscendo il valore del suo genio, fecero costruire un tomba in suo onore. Si narra che un giorno, immergendosi nell'acqua e notandone l'innalzamento del livello, abbia esclamato "èureca", cioè "ho trovato". Essendo poi riuscito a costruire una macchina che con piccole forze era capace di spostare grandi pesi, abbia esclamato "datemi un punto d'appoggio e solleverò il mondo".

Jean Jacques Rousseau, filosofo, scrittore e musicista svizzero fra le sue numerose opere, nel 1762 pubblicò il libro *Emilio o Dell'educazione*, che non incontrò l'approvazione del parlamento di Parigi, anzi lo condannò e ordinò che tutte le opere venissero strappate e bruciate.

Nella sua principale opera afferma che l'educazione del bambino deve essere un'educazione "delle cose" e non "delle parole". L'educatore deve saper distinguere i bisogni dell'infante dai suoi capricci, assecondando i primi e ignorando i secondi.

Afferma inoltre che tutto quello che esce dalle mani di Dio è buono, quindi il bambino quando nasce è buono, tutto degenera nelle mani dell'uomo. Una buona educazione consiste nel preservare l'originaria bontà e purezza del bambino. L'educatore deve far sì che il bambino sia felice nel presente, non essendoci alcuna certezza del futuro, e va guidato nelle sue attività in modo piacevole.

Il bambino deve essere accompagnato alla scoperta dei vari campi del sapere e deve trarre l'insegnamento dall'esperienza, cioè deve scoprire più che imparare.

Rousseau ha attuato in pedagogia una rivoluzione copernicana: come Copernico aveva affermato che non era la terra (teoria geocentrica), ma il sole (teoria eliocentrica) al centro del sistema solare, così egli afferma che il perno dell'educazione non è l'insegnante ma il bambino con le sue caratteristiche ed esigenze.

Non è, dunque, il bambino che si deve adeguare all'insegnante, ma. è quest'ultimo che deve capire le esigenze e le inclinazioni del bambino e assecondarle.

Ludwig van Beethoven è nato in Germania nel 1770 ed è considerato il più grande compositore di tutti i tempi.

Il padre, uomo dedito all'alcol, usò verso il figlio molta brutalità ed eccessiva autorità.

Ci lasciò una grande produzione musicale, straordinaria per la sua forza espressiva ed emotiva. Con la sua musica ha saputo toccare i sentimenti più reconditi nell'anima dell'uomo, quelli che le stesse parole non riescono ad esprimere.

Compose una dozzina di opere: famose sono le Sinfonie, di cui le più belle la Settima e la Nona. Discendente da un nonno e un papà musicisti, ebbe da quest'ultimo un'educazione molto severa. Divenuto totalmente sordo negli ultimi anni della sua vita, morì nel 1827 all'età di 56 anni, dopo aver contratto una polmonite. Al suo funerale parteciparono oltre ventimila persone.

Michelangelo Buonarroti nacque nel 1475 a Valtiberina (Arezzo), dove il padre ricopriva la carica semestrale di podestà; la sua famiglia faceva parte del patriziato fiorentino, sebbene attraversasse un momento di ristrettezza economica che si protrasse per tutta la sua vita.

Questo poliedrico artista, riconosciuto come il più grande di tutti i tempi, fu scultore, architetto, pittore e poeta.

Le sue opere, sono molto note e stimate in tutto il mondo per la loro eccezionale bellezza.

Tra le tantissime opere, ne ricordiamo solo alcune. La *Pietà*, scolpita dall'artista quando aveva appena 22 anni, che si può ammirare all'interno della Basilica di S. Pietro a Roma, protetta da una spessa lastra di vetro dopo che un vandalo la sfregiò a martellate. Nel 1501 gli venne affidato il compito di completare un lavoro di una colossale statua iniziato da altri artisti, il *David*, che completò in tre anni. Ne uscì quel capolavoro che milioni di turisti hanno ammirato, e lo faranno ancora per un tempo illimitato: un uomo giovane, muscoloso e tutto nudo. I fiorentini la riconobbero come un capolavoro e decisero di farne un simbolo per la città collocandola in piazza della Signoria. Infine il Papa Giulio II, nonostante fosse in continuo conflitto con l'artista, gli affidò il lavoro di dipingere la *Cappella Sistina*. Il lavoro era abbastanza complesso per le proporzioni colossali e perché l'arte dell'affresco non era stata fino ad allora il suo forte. Inaugurata nel 1512 e restaurata nel 1994, oggi l'opera viene ammirata da milioni di visitatori, che restano a bocca aperta davanti ad un'opera di dimensioni grandiose e di bellezza unica al mondo.

Leonardo da Vinci è considerato uno dei più grandi geni dell'umanità.

Fu architetto, scultore, disegnatore, anatomista, musicista, scenografo, progettista e inventore.

Primogenito di un notaio facoltoso, ebbe dodi ci tra fratellastri e sorellastre, con i quali ebbe molti problemi per la divisione dell'eredità.

Da fanciullo imparò a scrivere con la sinistra e a rovescio rispetto alla scrittura normale.

Tra le numerose opere, ce ne sono alcune da ricordare necessariamente; tra queste, l'*Ultima Cena*, dove ritrasse il Cristo al momento in cui disse "Qualcuno mi tradirà" e gli apostoli che a tale affermazione furono molto turbati. Non rappresentò Giuda da solo ma accanto agli altri. La *Gioconda* è il ritratto più famoso al mondo e l'opera più nota di tutti tempi, visitata ogni giorno da migliaia di persone al museo del Louvre di Parigi. Rappresenta Monna (Madonna, oggi si direbbe Signora) Lisa moglie di Francesco del Giocondo (da qui la "Gioconda").

Fra le sue invenzioni, si ricordano soprattutto le macchine volanti e fra i suoi studi di anatomia, l'*Uomo vitruviano* (che rappresenta le proporzioni del corpo umano).

Mahatma Gandhi, avvocato, politico e filosofo, riconosciuto come il padre della nazione indiana, è stato il teorico della resistenza all'oppressione tramite la disobbedienza civile di massa. Si è schierato in difesa dei diritti civili. Morì nel 1869 a 78 anni e il 2 ottobre, giorno della sua morte, in India è un giorno festivo ed è stata dichiarata dall'assemblea generale delle Nazioni Unite "Giornata internazionale della nonviolenza". Per Gandhi la violenza non può essere mai giustificata, neanche per ottenere l'indipendenza del suo Paese dal regno Unito. Famosa la sua frase "Vivi cose se dovessi morire domani. Impara come se dovessi vivere per sempre". Per sua espressa volontà alla sua morte le sue ceneri furono disperse nei maggiori fiumi del mondo, quali Nilo, Volga, Tamigi e Gange. Al suo funerale parteciparono oltre due milioni di persone.

Martin Luther King fu leader dei diritti civili, politico, pastore protestante e attivista statunitense. La sua attività di pacifista ricorda la lotta non violenta di Gandhi. Difensore degli emarginati, viene riconosciuto quale redentore dei neri, che erano costretti a subire la segregazione e  la negazione dei più elementari diritti civili. L'esempio più eclatante avvenne nel 1955 quando saliti su un autobus quattro ragazzi bianchi, e non essendoci più posti a sedere, l'autista pretese che quattro donne nere si alzassero per cedere il posto. King allora attuò una protesta facendo boicottare per 382 giorni l'uso dell'autobus ai neri. Quando il Presidente J.F.Kennedy sancì la parità dei diritti per i bianchi e i neri, gli stati del Sud cercarono di osteggiarla, ma alla fine vi fu la stretta di mano tra il presidente e King. Aveva solo 35 anni, ed era il più giovane nella storia dei Nobel, quando nel 1964 il parlamento norvegese gli assegnò il Premio per la Pace. Fu assassinato il 4 aprile 1968 con un colpo di fucile alla testa. Una festa nazionale ricorda King il 15 gennaio, giorno della sua nascita.

Jonh Fitzgerald Kennedy fu il 35° Presidente degli Stati Uniti, carica che occupò per quasi tre anni, fino al suo assassinio avvenuto a Dallas il 22 novembre 1963. Considerato l'eroe della Nuova Frontiera, fu il primo presidente americano cattolico e il più giovane eletto alla più alta carica della nazione. Chiese a tutte le nazioni del mondo di unirsi per combattere la tirannia, la guerra e la povertà. Sostenne l'integrazione razziale e i diritti civili. Quando nel 1962 gli aerei spia americani fotografarono che a Cuba si stava costruendo una base sovietica, Kennedy si trovò davanti ad un grande dilemma: se avesse bombardato le basi, avrebbe dato inizio ad una guerra nucleare con l'URSS, se non avesse fatto niente sarebbe apparso troppo debole davanti a tutto il mondo.

Scelse di attuare un blocco navale e contemporaneamente avviò trattative per accordarsi con il Segretario del PCU, Nikita Kruscev, ottenendo il ritiro dei missili e dando in cambio l'impegno di non invadere Cuba e di ritirare i propri missili dalla Turchia. In questo modo evitò il pericolo di guerra atomica con disastrose conseguenze per tutto il mondo. Ancora oggi è stimato ed apprezzato in tutto il mondo Al momento della sua morte l'America non era coinvolta in alcuna guerra in tutto il mondo.

Papa Giovanni XXIII è stato il 261° vescovo di Roma e papa della Chiesa Cattolica. Eletto nel 1958, il "Papa buono" seppe ben presto conquistare la stima dei credenti e dei non credenti per il suo calore umano e il suo buonumore. Suscitò profonda emozione quando, in un  suo discorso, disse: "Cari figlioli, tornando a casa, troverete i bambini: data una carezza ai vostri bambini e dite: questa è la carezza del Papa".

Resta alla storia soprattutto come il Papa che ha indetto il Concilio Vaticano II e che ha stabilito un rapporto fraterno con i rappresentanti delle diverse confessioni cristiane.

Giovanni Paolo II, al secolo Karol Józef Wojtyła, fu papa dal 16 ottobre 1978 al 2 aprile 2005, primo papa polacco, proclamato beato appena sei anni dopo la morte.
È considerato il principale artefice del crollo dell'unione sovietica, grazie alla sua tenace azione contro l'oppressione politica e il comunismo. Considerò il capitalismo e il comunismo lesivi della giustizia sociale e nemici della dignità umana. In oltre 26 anni di pontificato effettuò 104 viaggi durante i quali incontrò molti capi di stato, immense folle di fedeli e milioni di giovani a cui era particolarmente legato e per i quali creò le Giornate mondiali della Gioventù. Fu il terzo papa nella storia della Chiesa a regnare più a lungo, dopo san Pietro e Pio IX.

Bill Gates, imprenditore, programmatore e informatico statunitense, è il fondatore e presidente di Microsoft.

Uno degli uomini più ricchi del mondo, con un patrimonio stimato in circa 80 milioni di dollari, abita in una casa il cui valore è stimato in 125 milioni di dollari.
Ma qui non si vuole ricordare per le sue ricchezze, ma per la sua opera che ha rivoluzionato la vita di tutto il mondo. Disse che il suo desiderio era quello di portare un computer in ogni casa, ben consapevole dei grandi vantaggi che può apportare a tutti gli uomini della terra. Nel 1968 si è iscritto ad una scuola privata ed ha avuto accesso per la prima volta ad un computer della *Computer Center Corporation*; aveva problemi con la scuola: spesso la marinava e non faceva i compiti a casa, per dedicarsi alla ricerca informatica.
Nel 1992 è stato premiato direttamente dal presidente degli Stati Uniti George Bush con la Medaglia Nazionale per la Tecnologia.
Assieme alla moglie, Melinda, ha fondato un'organizzazione umanitaria che si occupa di combattere l'AIDS soprattutto nel terzo mondo. Ha creato un sistema non solo per la logica del profitto ma per portare benessere nelle aree più povere del mondo.

Madre Teresa di Calcutta, di origine albanese e di fede cattolica, trascorse la sua vita tra i poveri di Calcutta e fondò la congregazione religiosa delle missionarie della Carità.

Trascorse la maggior parte della sua vita a Calcutta, in India.

Qui si dedicò con sincera passione all'insegnamento, alla distribuzione del cibo e alla divulgazione delle più elementari norme igieniche assenti presso i popoli locali.

Diede una casa a malati e moribondi, assistette i bambini abbandonati o rimasti orfani.

Si ispirò all'austerità di vita di san Francesco, in rispetto alle condizioni di vita dei poveri con cui veniva a contatto ogni giorno.

La sua opera fu rivolta a persone di tute le confessioni religiose.

Oggi le sue religiose sono oltre cinquemila e sparse in tutti e 5 i continenti con 50 case.

A Maria Teresa venne conferito il premio Nobel per la Pace nel 1979 per il suo impegno verso i più poveri e il suo rispetto per la dignità umana.

Nel 2003, cinque anni dopo la sua morte, fu proclamata beata da Papa Giovanni Paolo II

Alexander Fleming, medico inglese, morto a Londra nel 1955 all'età 74 anni, fu insignito del premio Nobel per la medicina nel 1945. Il suo nome è legato alla scoperta della penicillina nel 1928, grazie ad un colpo di fortuna, infatti notò come la muffa che era cresciuta

sopra ad una piastra di batteri ne impediva la crescita. Solo nel 1940, durante la seconda guerra mondiale, venne utilizzata contro le infezioni batteriche dei militari nelle zone belliche e fu prodotta in grande scala dall'industria americana. Grazie a Fleming milioni di vite umane sono state salvate e continuano ancor oggi a essere salvate in tutto il mondo, dove prima si moriva anche per una semplice infezione.

Le vittime della mafia

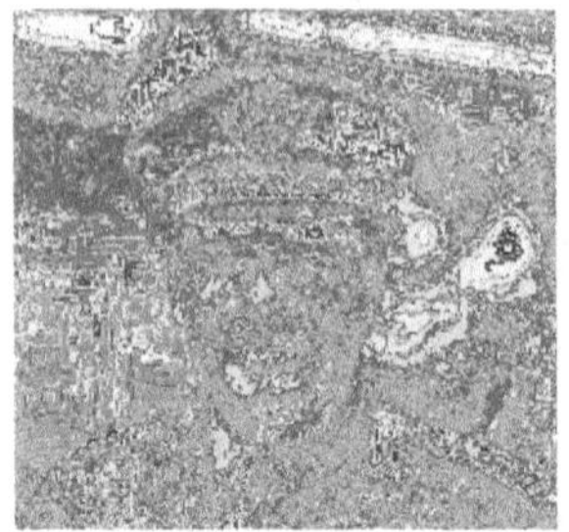

Carlo Alberto Dalla Chiesa fu vice-comandante dell'Arma dei Carabinieri e Prefetto di Palermo, nonché fondatore del Nucleo Speciale Antiterrorismo.

Già dal 1966, con il grado di colonnello, comandante della Legione carabinieri di Palermo, incominciò a condurre indagini per contrastare "cosa nostra".

Per arrivare agli intoccabili boss, Dalla Chiesa utilizzò gli infiltrati: ottenne così elementi utili per conoscere la mafia dall'interno.

Nel 1974, col grado di Generale di Brigata, dovette combattere le Brigate Rosse e, per ottenere lo scopo, fece infiltrare i suoi uomini all'interno dei gruppi terroristici, con ottimo successo.

Nel 1981 fu nominato vice Comandante Generale dell'Arma e l'anno dopo venne mandato dal Consiglio dei Ministri a Palermo con poteri straordinari, quale Prefetto, con l'intenzione di ottenere la sconfitta della mafia dopo quella delle Brigate Rosse.

Il 3 settembre 1982, nella A112 bianca guidata dalla moglie Emanuela Setti Carraro, trovò la morte.

Giovanni Falcone, magistrato orgoglio della nostra Sicilia, fu assassinato dalla mafia il 23 maggio 1992, all'età di 53 anni, assieme alla moglie Francesca Morvillo e agli uomini della scorta con 500 chili di tritolo fatto esplodere da un telecomando azionato a distanza da Giovanni Brusca. Era convinto che la

mafia non è affatto invincibile, disse che è un fatto che come tutti i fatti umani ha un inizio e avrà anche una fine.

Il suo sogno era quello di restituire Palermo ai palermitani e la Sicilia ai siciliani strappandoli alla mafia. Grazie a lui si celebrò il primo maxiprocesso contro "cosa nostra", conclusosi nel 1986 con 2.665 anni di carcere e 11,5 miliardi di lire di multe da pagare.

Paolo Borsellino, assieme a Falcone, è considerato un simbolo della lotta alla mafia. Fu assassinato all'età di 52 anni in via D'Amelio a Palermo, dove viveva la madre, assieme agli uomini della scorta (tra cui la prima donna della polizia di Stato, Emanuela Loi, caduta in servizio), con 100 Kg. di esplosivo piazzato a bordo di un'auto. Il suo pensiero si può riassumere in una sua frase: "Chi ha paura muore ogni giorno, chi invece non ha paura muore una sola volta".
Era consapevole di trovarsi nel mirino di "cosa nostra": ben sapeva che quando la mafia designa una vittima, difficilmente se la lascia scappare.
Ciononostante andò avanti senza paura nella lotta alla delinquenza organizzata, fino al sacrificio della sua vita.

Pio La Torre, uomo politico, sindacalista, aderente al partito comunista, morì per mano della mafia a Palermo il 30 aprile 1982, all'età di 55 anni. Eletto parlamentare in tre legislature, aveva proposto un disegno di legge che prevedeva, per la prima volta, il reato di "associazione mafiosa" e la confisca dei beni ai mafiosi.
Al suo funerale parteciparono centomila persone. Nel 1995 furono pronunciate sette condanne all'ergastolo per il suo assassinio. Questi sono solo alcuni dei

nomi degli eroi morti per mano della mafia (si pensi che in totale le vittime di "cosa nostra" sono più di 5.000 da entrambi le due parti), ma è doveroso ricordarne ancora alcuni, quali: il giornalista Mauro De Mauro, il procuratore di Palermo Pietro Scaglione, il tenente colonnello dei carabinieri Giuseppe Russo, il giornalista Carmine Pecorelli, il capo della squadra mobile di Palermo Boris Giuliano, i magistrati Cesare Terranova e Rocco Chinnici, il presidente della Regione Siciliana Piersanti Mattarella, i capitani dei carabinieri

Emanuele Basile e Mario D'Aleo, il procuratore capo di Palermo Gaetano Costa, il dirigente della squadra mobile di Palermo Ninni Cassarà, l'ex sindaco di Palermo Giuseppe Insalaco, il giornalista Mauro Rostagno, il giudice di Canicattì Rosario Livatino, il giudice Antonino Scopelliti, l'imprenditore Libero Grassi, l'uomo politico Salvo Lima, l'esattore Ignazio Salvo, il giornalista Beppe Alfano, il sacerdote Pino Puglisi e tantissimi altri.

Enrico Mattei fu eliminato nel 1962 da ignoti, con il sabotaggio dell'aereo su cui viaggiava, perché aveva osato sfidare i grandi del commercio petrolifero mondiale, che di fatto avevano, ed hanno ancor oggi, il monopolio internazionale della vendita dell'oro nero.

Se avesse avuto il tempo di portare avanti le sue idee, noi oggi pagheremmo il greggio ad un prezzo minore con un risparmio di miliardi di euro ogni anno.

La donazione di organi

Quando sopraggiungerà la morte i nostri beni materiali andranno agli eredi e sicuramente non permetteresti (se ciò fosse possibile) che marciscano assieme a te. Ma allora perché permettere che parti del nostro corpo, come cuore, reni, polmoni vengano mangiati dai vermi senza sfruttare l'occasione che si ha di farli continuare a vivere in un corpo diverso dal nostro? Parti di noi sopravvivranno e daranno vita ad altri. L'A.I.D.O. (Associazione Italiana per la Donazione di Organi) che ha sede a Roma in Via Cola di Rienzo n.243, è un'associazione di volontari donatori d'organi in caso di morte: conta oltre 1.200.000 iscritti. L'iscrizione è totalmente gratuita e non vincolante per tutta la vita, avendo la facoltà di recesso in qualsiasi momento. Cosa aspetti a diventare donatore d'organi?

Le dimissioni di Papa Benedetto XVI...

Il Papa, per istituzione, è un monarca assoluto e viene eletto a vita: il suo regno può cessare solo con la sua morte o con le dimissioni volontarie.

Benedetto XVI con le sue dimissioni spontanee del 28 febbraio 2013 ha dimostrato a tutto il mondo che nessuno è immortale: tutti invecchiamo e a un certo punto dobbiamo cedere le redini alle nuove generazioni.

Nessuno gli vietava di restare a capo di quasi un miliardo di cattolici sparsi per tutto il mondo; ma egli ha deciso di lasciare il soglio pontificio perché crede che il potere non sia un diritto a vita, ma un servizio a favore degli altri che può cessare anche prima della morte, quando le forze fisiche vengono meno e non permettono più di svolgere bene il proprio lavoro pastorale. Quanta differenza c'è tra lui e i dittatori del XX secolo: uno affermava che il suo regno sarebbe durato mille anni... ma tra questi due c'è in comune solo l'essere tedeschi, per il resto c'è un abisso: uno è stato la personificazione del male, l'uomo peggiore di tutta la storia dell'umanità, di tutti i tempi passati e, ce lo auguriamo, futuri, l'altro un esempio di correttezza, di umiltà e di responsabilità. Bravo, Papa Ratzinger, hai mostrato un volto nuovo della Germania che durante la seconda guerra mondiale si era macchiata dei più gravi crimini che l'umanità abbia mai visto.

...e l'elezione di Papa Francesco.

Il 13 marzo 2013 il cardinale Jorge Mario Bertoglio, di origini piemontesi, vescovo di Buenos Aires in Argentina, diventa Papa Francesco.

La chiesa di S .Giovanni in Laterano è la sua sede quale 266° vescovo di Roma. Il nome scelto è già un programma: come S. Francesco d'Assisi, vuole essere povero, umile, vicino ai poveri, ai sofferenti e ai deboli. Si è capito subito che vuole una Chiesa povera e ha dato l'esempio sostituendo il trono con una sedia.

Il suo stile di vita è sobrio, infatti ha tagliato il numero delle stanze messe a sua disposizione, per abitare nella semplicità. Ha dato molta importanza al dialogo con le altre religioni, specie con l'Islam. Vuole confrontarsi con i non credenti per costruire legami d'amicizia fra tutti i popoli. Eccellente la sua affermazione che "potere" equivale a "servire". Nessun potente della terra ha fatto un'affermazione simile, dopo Gesù Cristo. Credo che sia il Papa che ci vuole in tempi come i nostri in cui molti cercano di vivere nello spreco incuranti dei fratelli che soffrono la fame, le guerre e la violenza. Auguriamo al nuovo Sommo Pontefice una lunga vita e che il suo esempio serva a molti di noi per costruire un mondo più giusto e di pace.

La felicità

Chi afferma che per essere felici bisogna nascere ricchissimi o abitare in grandi e lussuose case o vincere una grossa cifra al superenalotto, si sbaglia di grosso.

Le cronache ci dicono che quasi sempre tutti coloro che si sono arricchiti improvvisamente, vincendo grosse cifre, sono morti poveri e disperati.

Dopo poco tempo hanno perso tutto, soldi, famiglia e serenità.

Non è assolutamente vero che i ricchi sono sempre felici, anzi spesso sono più infelici dei poveri, perché hanno molti problemi relativi alla conservazione dei loro beni, alla loro sicurezza e poi possono essere derubati... I ricchi sono più soggetti ad essere sequestrati per estorcere loro del denaro. Nessuno mai ha sequestrato un povero, perché i ladri non hanno nulla da rubargli.

E poi spesso i ricchi non pensano a quello che hanno ma a quello che hanno in meno rispetto a chi è più ricco di loro. A loro manca la differenza tra la loro ricchezza e quella di coloro che sono più ricchi.

Al momento in cui la morte sta per portarli via, considerate come sarà doloroso il loro stato d'animo pensando che stanno per lasciare tutte quelle ricchezze. Il povero non rimpiangerà di certo quello che sta per lasciare, perché di poca entità o nullo. Credetemi, il momento del distacco avverrà molto presto, perché la nostra vita dura sempre troppo poco, anche quando riusciamo a superare i 90 anni.

La felicità quindi non consiste nell'aver ricchezze o possedere grandi beni, ma nel sapere apprezzare quello che si ha. Quando si ha la salute già si possiede il 99% della ricchezza che ogni uomo può avere, il resto rappresenta solo l'1%, che in ordine di importanza è: il cibo quotidiano, la casa da abitare, la famiglia con cui condividere gioie e dolori, gli amici con cui trascorrere dei momenti felici, una buona cultura. Non conta nulla in percentuale d'importanza il non poter indossare abiti firmati o mostrare agli amici l'ultimo modello di i-Phone. La vera felicità consiste quindi non nell'avere ma nell'essere.

La nostra vita si può paragonare ad una strada che ha tratti in pianura, altri in discesa e altri ancora in salita. Esistono momenti in cui tutto fila liscio, senza grosse emozioni: sono la maggior parte dei giorni della nostra vita. Altri momenti, molto brevi, in cui tutto appare bello e siamo felici perché tutto va secondo le nostre aspettative. In altri periodi tutto appare nero e le difficoltà sembrano insuperabili. A tutti bisogna ricordare il proverbio che afferma "Il buono e il cattivo tempo non dura tutto il tempo". I tre momenti si alternano anche nell'arco della stessa giornata, a seconda delle circostanze.

Bisogna avere l'abitudine di vedere sempre il lato positivo e non solo quello negativo in ogni circostanza. Quando le cose vanno male, pensare che poteva andare anche peggio. Mai lamentarsi delle proprie sventure, ma saperle accettare, considerando che sono passeggere.

Lo scrittore latino Fedro in una favola scrive che un giorno le pecore si lamentavano col pastore perché prendeva sempre loro per il latte e per la lana, mentre lasciava sempre in pace Il maiale. Quest'ultimo rispose che proprio loro non dovevano lamentarsi, perché quando il padrone le prende poco dopo le rilascia, mentre quando prende il maiale, questi ci lascia la pelle.

Bisogna desiderare di avere solo quello che serve per vivere, perché tutto il resto è superfluo. Ricordarsi che al momento della morte avremo solo un paio di scarpe e un vestito che marciranno ben presto.

INDICE

Finito di stampare nel mese di Aprile 2015
per conto di Youcanprint Self-Publishing